编程与应用开发丛书

构建低代码开发平台

基础、实现与AIGC应用

廖育彬 著

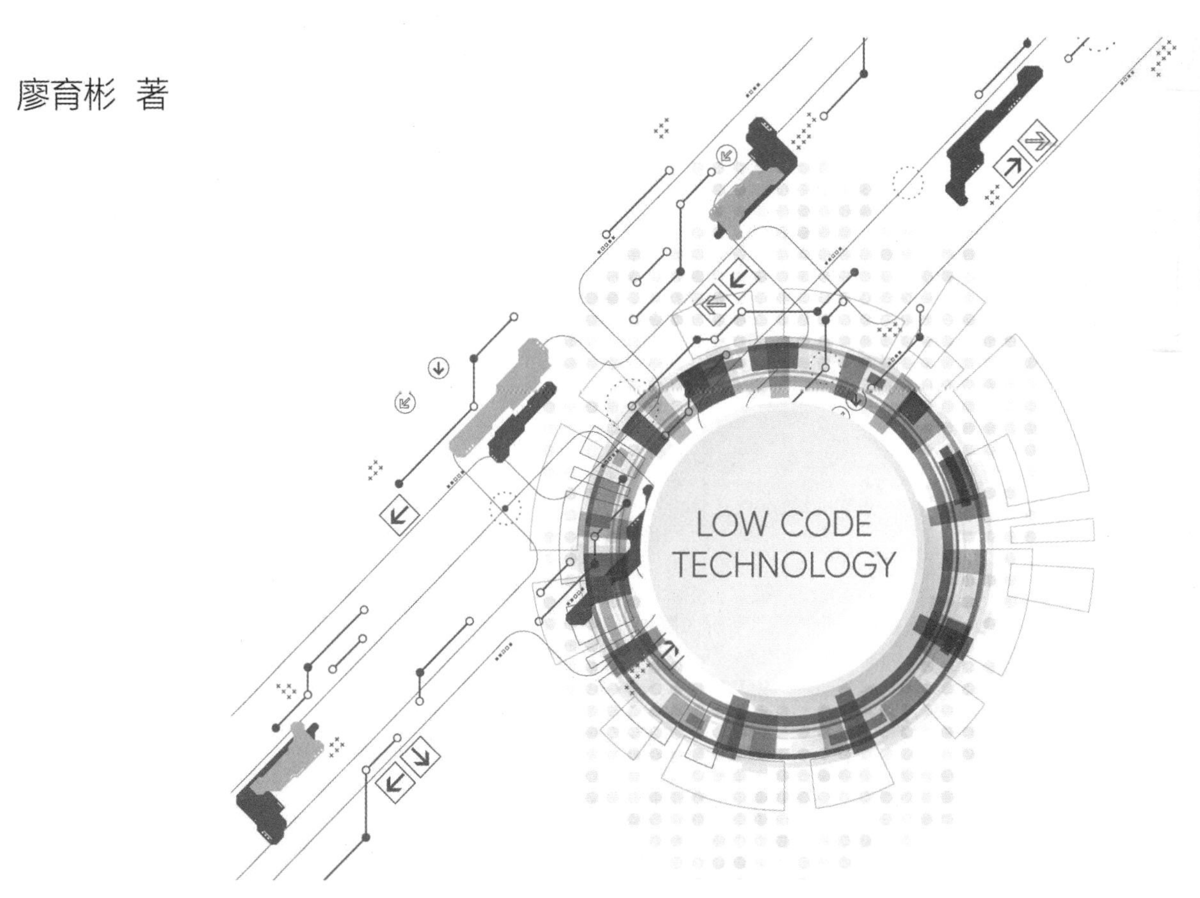

清華大学出版社
北京

内容简介

本书作为低代码平台开发的入门指南，深入浅出地阐述低代码开发的核心基础知识和架构原理，旨在帮助读者迅速掌握低代码平台编程技术。通过本书的学习，读者将系统掌握低代码开发的理论和实践，能够熟练设计高效、稳定的低代码架构，为企业的数字化转型提供有力支持。本书配套示例源码、PPT课件与作者微信群答疑服务。

本书共分为16章。第1章和第2章为低代码平台概述和入门指引；第3～6章讲解低代码平台的基本技术，包含常用技术和解决方案；第7章讲解低代码平台架构知识；第8～12章讲解实战案例，涵盖B端和C端项目（管理后台、CMS平台、营销画布平台、统一接口网关、报表中心）；第13章和第14章分析低代码平台的安全风险和程序优化方向；第15章和第16章介绍文心一言、通义千问和DeepSeek在低代码平台中的应用。

本书主要面向具备一定软件开发基础的读者，适合构建低代码开发平台的工程师、对元数据模型感兴趣的软件工程师及其他相关从业人员阅读，同时也可作为高等院校软件开发课程的教材。

图书在版编目（CIP）数据
构建低代码开发平台 ：基础、实现与AIGC应用 / 廖育彬著.
北京 ：清华大学出版社，2025. 1. --（编程与应用开发丛书）.
ISBN 978-7-302-67931-8
Ⅰ. TP311. 52
中国国家版本馆CIP数据核字第2025NR4792号

责任编辑：夏毓彦
封面设计：王　翔
责任校对：闫秀华
责任印制：杨　艳

出版发行：清华大学出版社
网　址：https://www.tup.com.cn，https://www.wqxuetang.com
地　址：北京清华大学学研大厦A座　　邮　编：100084
社 总 机：010-83470000　　邮　购：010-62786544
投稿与读者服务：010-62776969，c-service@tup.tsinghua.edu.cn
质量反馈：010-62772015，zhiliang@tup.tsinghua.edu.cn
印 装 者：河北盛世彩捷印刷有限公司
经　销：全国新华书店
开　本：190mm×260mm　　**印　张：**12.5　　**字　数：**337千字
版　次：2025年3月第1版　　**印　次：**2025年3月第1次印刷
定　价：89.00元

产品编号：108992-01

前　言

在数字化浪潮席卷全球的今天，信息技术的快速发展正以前所未有的速度重塑各行各业的面貌。随着企业对于数字化转型的需求日益增长，软件开发的速度与效率成为决定竞争力的关键因素之一。正是在这样的背景下，低代码平台作为一种革命性的开发工具，以其快速迭代、易于上手、成本效益高等诸多优势，逐渐从幕后走向台前，成为推动企业数字化转型的重要力量。

在当前经济环境充满挑战的背景下，互联网企业纷纷探索成本优化之道。而低代码平台以其卓越的降本增效特性，再度跃升为行业的焦点，成为众多企业转型升级的重要工具。然而，在这股热潮中，我们注意到市场对于低代码，尤其是后端低代码的学习资源相对匮乏，书籍资料尤为稀缺，这极大地限制了新人对低代码技术的入门与成长。

作者深耕低代码平台多年，亲身参与并主导多个大型低代码平台的核心设计与开发工作，对该领域有着深刻的理解与独到的见解。鉴于此，本书应运而生，将作者丰富的低代码实战经验倾囊奉献，为有志于低代码领域的朋友们搭建一座桥梁。

本书深入剖析低代码开发的核心理论基础与架构设计原理，更以通俗易懂的方式呈现，确保即便是初次接触低代码的读者也能轻松上手，快速掌握其关键技术。书中精心策划了5个实战案例（管理后台、CMS平台、营销画布平台、统一接口网关、报表中心），它们覆盖了低代码平台的多个应用场景与项目类型，从理论到实践，全方位、多角度地引导读者深入理解低代码的设计思路与实现方法。通过这些案例的学习，读者不仅能够巩固所学知识，还能在实战中锻炼技能，逐步构建起适应企业多样化业务需求的低代码平台架构能力。

本书特点

（1）开篇方法论引领：本书开篇将向读者传授学习低代码平台的有效方法论，旨在帮助读者清晰地理解本书的结构和章节安排，从而对后续的学习内容有一个宏观的把握。

（2）基础知识全面覆盖：本书通过精心设计的章节，系统讲解低代码平台所需的基础知识，包括关键工具、核心组件以及实用的设计方案。此外，还有一个专门的章节深入探讨架构理论，助力读者快速、全面地掌握低代码平台的基础知识与理论。

（3）实战案例深度剖析：书中包含5个精心挑选的实战案例，每个案例都紧密结合前面章节的基础知识，旨在帮助读者在巩固知识的同时，深化对低代码平台设计方案的理解。通过这一系列的实战项目学习，读者将能够独立完成低代码平台的设计与研发工作。

（4）代码注释详尽：为了提升读者的学习体验，实战案例章节中不仅包含大量的代码示例，而且每段代码都配备了详尽的注释，帮助读者更好地理解代码实现逻辑和意图。

（5）前沿技术融合：本书紧跟技术潮流，结合文心一言、通义千问和DeepSeek大模型技术，深入解析大模型在低代码平台中的应用场景和潜力，为读者提供前沿、实用的技术参考。

（6）纯粹案例教学：本书内容均围绕实战项目案例展开，不附带任何第三方低代码平台的推广或宣传，确保读者能够专注于学习和掌握低代码平台的核心技能。

（7）GitHub代码仓库开放：本书所涉及的全部代码已经上传到GitHub，方便读者随时查阅和学习。这一举措不仅为读者提供了更多的学习资源，也为读者提供了与作者和其他学习者交流互动的平台。

适合的读者

本书适合对低代码平台感兴趣的软件开发者、IT从业者。无论你的背景是技术还是业务，无论你是初学者还是有一定经验的开发者，本书都将为你提供宝贵的参考和指导，帮助你更好地理解和应用低代码平台技术，推动企业的数字化转型进程。期望读者通过系统的学习与实战的锤炼，迅速成长为低代码平台开发领域的佼佼者，不仅能够设计出高效、稳定的低代码架构，还能为企业业务的数字化转型提供强有力的技术支持与保障，共同推动低代码技术的蓬勃发展。

配书资源下载

本书配套示例源码、PPT课件与作者微信群答疑服务，请读者用微信扫描下面的二维码下载。如果阅读中发现问题或有疑问，请联系下载资源中给出的微信号。

作者与鸣谢

本书作者为廖育彬。由于作者的水平有限，加之编写时间跨度较长，在编写本书的过程中难免会出现不准确的地方，恳请读者批评指正。

感谢清华大学出版社的老师们在编写本书的过程中提供的无私帮助和宝贵建议，正是他们的耐心和支持才让本书得以顺利出版。

作　　者

2025年1月

目　　录

第 1 章 低代码平台概述

本章是对低代码平台的全面概述，旨在为读者提供一个深入而清晰的认知框架。通过阅读本章内容，你将能够精准把握低代码平台的定义，洞悉其发展历程与当前态势，同时领略其在多领域中的广泛应用及显著优势。我们期望，通过本章内容的引导，能够激发你对低代码平台的浓厚兴趣，并让你对这一行业的未来发展充满信心与期待。

1.1 低代码平台的定义

低代码平台（Low-Code Platform）是一种软件开发工具，它允许用户（包括非研发角色）通过图形化界面和预构建的功能或模块，快速搭建业务功能，实现高效的投产上线。当然，在某些定制化场景下，可能需要辅助代码开发。该平台降低了编程的复杂性，使开发者能够专注于业务逻辑和用户体验，而无须关注底层的编程细节。下面来看一下笔者在日常工作中经常被问及的关于低代码平台的3个问题。

疑问1 低代码平台能实现所有业务场景需求吗？

低代码平台并不是万能的，它是为了解决特定业务场景而设计的。笔者不止一次听朋友提及，他们的研发总监希望将所有业务迁移到低代码平台，并要求团队自行调研和实施迁移。然而，目前还没有哪个低代码平台能够适用于所有的业务场景。在实际应用中，应以具体业务为切入点，逐步完善低代码平台的功能，尽量避免一开始就设计一个“大而全”的平台。这样不仅会加大研发投入，还会拉长整个研发周期。

举个例子，如果我们企业负责保险代理业务，每当与新的保险公司合作并代理其保险产品时，都需要对接新保险公司的接口，配置保险商品信息，并开发相应的产品推广页面。在未使用低代码平台时，每次对接一家新保险公司，研发团队都需要处理保险公司的鉴权、核保、投保、退保等接口对接工作。假如对接和联调一个接口需要3人天，那么整个流程下来需要12人天。

针对这个问题，我们可以先解决对接的难题，建立一个低代码保险公司对接平台。每当需要对接新保险公司或者对接旧保险公司的新接口时，只需要实施人员将接口协议按规则输入对接平台即可完成对接。对于保险产品的快速上线，可以开发一个低代码配置中心，快速生成配置页面。最后，解决C端不同保险产品的差异化展示问题，搭建一个拖曳式的低代码内容管理平台，生成C端页面链接进行推广投放。

通过一系列平台的组合，最终组成一个完善的低代码平台矩阵。后续若有新产品接入，无须研发介入即可实现。

疑问2　低代码平台只是供研发用的吗？

从上一个问题可以看出，低代码平台的使用对象并不仅限于研发人员。我们在开发过程中经常提到的抽象能力、通用架构和中台设计，主要是针对研发人员而言的。这些概念要么是为了减少研发投入，要么是为了解决后续开发的扩展性，或者是为了增强代码的可读性。

相比之下，低代码平台的核心聚焦于业务领域。其主要目标是实现项目的快速部署与投产，旨在最大限度地降低甚至完全消除研发成本，为研发部门以外的用户赋能，使他们能够迅速构建和部署各种业务场景。

疑问3　低代码平台会导致研发失业吗？

低代码平台并不等同于无代码（零代码）平台。其开发与后续的升级更新对研发人员提出了较高要求，尤其需要研发人员具备低代码平台的设计能力。这对于具有低代码开发经验的研发人员来说，是一个显著的优势。

对于业务逻辑复杂的企业，低代码平台能显著减轻研发负担，但并不能完全取代所有研发工作。然而，在业务相对简单、研发团队规模小于20人的小型企业中，低代码平台的应用使得项目开发完成后，仅需一名运维人员即可满足日常运营需求。

1.2　低代码平台的发展历史与现状

低代码平台作为软件开发领域的一次重大革新，自诞生以来便以其独特的方式和优势，深刻改变了应用程序开发的格局。其历史可以追溯到20世纪90年代至21世纪初，第四代编程语言和快速应用开发工具的出现为低代码平台的诞生奠定了基础。

随着时间的推移，低代码平台的概念在2014年正式确立，并开始引起业界的广泛关注。其核心理念是通过图形化界面和预构建模块，使开发者能够以少量甚至无须手动编程的方式，快速构建和部署应用程序。这一创新大幅提升了开发效率，降低了技术门槛，使更多非技术背景的业务人员也能够参与到应用程序的开发中。

在过去的几年里，低代码平台经历了快速发展。随着云计算、大数据、人工智能等技术的进步，低代码平台的功能日益丰富，应用场景愈发广泛。从企业内部的运营后台、数据面板、办公系统，到B端的商品管理、广告投放、商铺搭建，再到C端的活动页面、促销频道、广告频道等，低代码平台展现出了强大的适应性和灵活性。

然而，随着市场的扩大和竞争加剧，低代码平台也面临一些挑战和机遇。首先，尽管低代码平台降低了技术门槛，但开发者仍需具备一定的业务知识和技术素养，才能充分发挥其优势。其次，每个平台往往具有特定的业务属性，适用于不同的行业和企业，因此市场上缺乏能够适用于所有场景的通用平台。此外，随着越来越多企业进入低代码平台市场，如何保持技术创新和服务质量成为每个平台都需要面对的问题。

展望未来，低代码平台将继续保持快速发展。一方面，随着技术不断进步和创新，低代码平台能够提供更加丰富的功能和更加灵活的配置选项，以满足不同行业和企业的需求。另一方面，随着数字化和智能化的深入推进，低代码平台将与云计算、大数据、人工智能等技术深度融合，为企业提供更加全面和高效的解决方案。同时，随着市场竞争加剧，低代码平台也需要不断提升技术实力和服务水平，以赢得更多市场份额和用户信任。

1.3 低代码平台与传统开发的比较

低代码平台与传统开发模式在多个方面存在显著的差异，这些差异使得低代码平台在快速应用开发、降低技术门槛以及提高开发效率方面展现出了独特的优势。

首先，从开发方式来看，传统开发主要依赖于程序员手动编写代码来构建应用程序。这要求开发者具备深厚的编程技术背景和丰富的项目经验。而低代码平台通过提供图形化界面和预构建模块，使开发者能够以拖曳、配置和编写少量代码的方式快速搭建应用程序。这种方式不仅降低了技术门槛，还让非技术背景的业务人员也能够参与到应用程序的开发中来。

其次，从开发效率来看，传统开发模式通常需要较长的开发周期和较高的成本。由于需要手动编写大量代码，并进行反复测试和调试，因此开发过程往往烦琐且耗时。而低代码平台通过预构建模块和自动化工具，大幅减少了手动编写代码的工作量，从而显著提高了开发效率。这使得企业能够快速响应市场需求，加速产品迭代和创新。

再次，从可维护性和扩展性方面来看，低代码平台也具有明显优势。由于低代码平台采用模块化和组件化的设计思想，应用程序的各个部分都是独立的且可重用的。这使得应用程序的维护和扩展变得更加容易和灵活。当需要修改或添加功能时，只需要调整相应的模块或组件即可，无须对整个应用程序进行大规模重构。

最后，从团队协作和项目管理方面来看，低代码平台也提供了更加高效和便捷的工具。通过可视化的项目管理界面和协作工具，团队成员可以实时查看项目进度、分配任务、进行代码审查等。这不仅提高了团队协作效率，还降低了沟通成本和出错率。

综上所述，低代码平台在开发方式、开发效率、可维护性和扩展性以及团队协作和项目管理等方面相比传统开发模式都展现出了明显的优势。这些优势使得低代码平台成为企业快速构建和部署应用程序的重要工具。

1.4 低代码平台的应用场景与优势

1.4.1 应用场景

低代码平台的应用场景十分广泛，不仅适用于大型企业内部的复杂系统构建，也能满足中小企业业务快速迭代和创新的需求。

在企业内部，低代码平台可用于快速开发企业级应用，如客户关系管理（Customer Relationship Management，CRM）、企业资源规划（Enterprise Resource Planning，ERP）、办公自动化（Office Automation，OA）等系统，提升企业内部管理的效率和灵活性。此外，对于电商、金融、医疗等特定行业，低代码平台能够快速搭建符合行业特性的定制化应用，如电商平台的商品管理系统、金融行业的风险管理系统、医疗行业的病历管理系统等。同时，低代码平台还适用于快速构建移动应用、微信小程序等，满足企业跨平台、多终端的服务需求。

无论是初创企业还是大型企业，低代码平台都能提供高效、灵活、定制化的解决方案，助力企业实现数字化转型和业务创新。

1.4.2 低代码平台的优势

在当今的程序员就业市场中，面对就业形势的不断变化，学习低代码技术显得尤为重要。低代码平台不仅为企业提供了降本增效、减少重复建设、加速业务上线的机会，也为个人开发者提供了提升技术能力、增强就业竞争力，并专注于核心业务代码输出的途径。

1. 对企业的优势

从企业的角度来看，推动低代码建设具有重要意义，这主要体现在以下几个方面。

1）为企业降本增效

低代码平台是实现降本增效的重要工具。随着市场竞争的加剧，企业需要迅速响应市场变化，推出新产品和服务以维持竞争力。低代码平台通过预构建模块和可视化界面，大幅减少了手动编程的需求，从而缩短了开发周期，降低了开发成本。此外，低代码平台还提供了丰富的功能和灵活的扩展性，使得企业能够根据自身需求定制应用程序，减少重复建设，提升整体效率。

2）实现业务快速上线

在业务快速上线的需求下，低代码平台发挥了关键作用。传统的开发模式通常需要经历冗长的开发周期和复杂的测试流程，而低代码平台能够大大缩短这一流程，使企业能够更快地推出新产品和服务，抢占市场先机。

3）保障系统稳定性

低代码平台通过模块化和组件化的设计，有助于保证系统质量的稳定性。在低代码平台中，应用程序的各个部分都是独立的、可重用的。这不仅降低了系统的复杂性，还提高了系统的可维护性和可扩展性。当系统出现问题时，开发人员可以迅速定位并修复问题，从而保证系统的稳定运行。

4）为企业增收

对于希望将产品研发转向SaaS（Software as a Service，软件即服务）以实现增收的企业来说，低代码平台同样具有重要意义。SaaS模式要求企业能够快速、灵活地为客户提供定制化的服务。低代码平台能够快速构建和部署应用程序，并支持多租户架构，使得企业能够轻松地为客户提供个性化的服务，从而实现增收。

2. 对个人的优势

从个人的角度来看，学习低代码技术同样具有重要意义，这主要体现在以下几个方面。

1）提升个人竞争力

随着技术的不断发展和市场需求的变化，掌握低代码技术将使个人在就业市场上更具竞争力。低代码技术以其高效、灵活的特点，正逐渐成为企业构建应用程序的首选。因此，具备低代码技术能力的开发者将更受企业青睐。

学习低代码技术意味着掌握了一种新的开发工具和方法论。这不仅使个人在职业生涯中更加多元化和灵活，还增强了适应不同工作和项目需求的能力。

2）加快职业成长

低代码平台以其独特的优势，对研发人员的技术广度提出了更高的要求。为了充分利用平台的强大功能并应对多样化的项目需求，研发人员不得不深入学习各种相关技术知识，包括平台特有的开发框架、集成技术、数据处理方法以及第三方服务接口等。这一过程不仅丰富了个人技术能力，还促使研发人员在实践中不断积累经验，加速职业成长的步伐。低代码平台成为研发人员提升自我、拓宽职业道路的宝贵工具。

3）提高工作效率

低代码平台通过预构建模块和可视化界面，大幅减少了手动编程的需求，从而提高了开发效率。对于个人而言，这意味着可以在更短的时间内完成更多的工作，提高工作效率。

在开发过程中，低代码平台还提供了丰富的功能和灵活的扩展性，使得开发者能够更快地实现业务逻辑和满足用户需求，减少返工和修改的时间。

4）增强创新能力

低代码平台鼓励开发者通过可视化的方式思考和解决问题，这有助于激发个人的创新思维和创造力。通过快速构建和测试应用程序，开发者可以更快地验证想法和创意，从而实现产品的快速迭代和创新。

低代码平台还支持与其他技术和工具的无缝集成，如云计算、大数据、人工智能等。这使得开发者能够利用更多先进的技术和工具来构建更加智能、高效的应用程序，进一步提升个人的创新能力。

第 2 章 低代码平台入门指引

学习低代码技术是一个从理论到实践，再由实践深化理论的过程。对于没有接触过低代码平台、缺乏低代码研发经验的研发人员来说，入门并掌握这一技术无疑是一个挑战。本章将为读者提供一份详细的低代码技术入门与实战指南，帮助你逐步掌握低代码技术，从理论到实践，再由实践深化理论。

本章为你提供一条详细的学习路径，助你有效掌握低代码技术，实现从入门到精通的跨越。

首先，你需要夯实基础知识，本章将介绍低代码领域中的关键技术点，并引导你举一反三，灵活运用所学知识。其次，你需要学会将所学知识与实际开发场景相结合，这不仅能加深你对知识点的理解，还能提升你的实际应用能力。再次，我们将通过深入剖析经典实战案例，让你在理解案例设计的同时，掌握其背后的思考逻辑和最佳实践。最后，建议你亲自动手，尝试搭建一套低代码系统，将所学知识付诸实践，真正做到学以致用，将学习成果转换为实际能力。

通过这一完整的学习流程，你将逐步掌握低代码技术，为未来的职业发展奠定坚实基础。

2.1 掌握基础技术

学习低代码技术，首先需要掌握其基本概念和核心技术。这包括了解低代码平台的基本架构、功能组件以及常用的开发语言等。通过系统地学习这些基本知识，你可以对低代码技术有一个全面的认识，为后续的学习和实践打下基础。

在学习过程中，本书会为你介绍常见的低代码技术，并教你如何运用这些技术。但需要记住，学习不仅仅是记忆知识点，更重要的是学会举一反三。当你掌握了一种技术的运用方法后，要尝试将其应用到其他类似的场景中，通过不断的实践来加深理解。

2.2　掌握部分架构知识

低代码平台的设计除需要掌握基本的架构设计原则和常用的设计模式外，还非常注重架构的抽象能力。架构的抽象能力能够将复杂的业务逻辑、技术细节和系统组件简化为易于理解和操作的概念或模型，这对于实现低代码平台内部功能的模块化至关重要。

2.3　应用场景分析

在学习低代码技术的过程中，要学会将理论知识与实际的开发场景相结合。你可以尝试将所学知识应用到自己的项目中，通过实际操作来加深对知识点的理解。同时，也要关注行业内的最新动态和案例，了解低代码在实际应用中的最新发展和趋势。

为了将知识更好地融入日常开发场景，可以参加线上或线下的技术交流活动，与其他开发者分享经验和问题。通过交流和讨论，可以拓宽视野，获取更多的灵感和解决方案。

2.4　学习实战案例

学习实战案例是掌握低代码技术的关键步骤。通过深入剖析经典实战案例，你可以了解低代码平台的设计思路、实现过程以及优化方法。在学习过程中，不仅要理解案例的设计，更要学会如何将这些设计应用到自己的项目中。

后面的章节将详细讲解这些实战案例，并提供相应的代码和操作步骤。你可以跟随书中的指引，一步一步完成案例的学习和实践。通过实际操作，你可以更好地掌握低代码技术的核心要点，提升实战能力。

2.5　应用到工作场景

学以致用是学习低代码技术的最终目标。掌握基本知识、将知识融入日常开发场景并学习了实战案例后，就可以尝试自行搭建一套低代码系统。

在搭建系统的过程中，你需要综合运用所学知识，从需求分析、系统设计到开发实现，全程参与并主导。通过这个过程，你可以更深入地了解低代码技术的实际应用和挑战，同时锻炼自己的项目管理和团队协作能力。

最后，记住学习是一个持续的过程，不要害怕遇到问题或困难。通过持续的学习和实践，你会逐渐掌握低代码技术，并在实际项目中发挥出它的巨大价值。

第 3 章 低代码基础技术讲解

对于初次接触低代码平台的读者而言，学习低代码往往感到无从下手，不清楚需要掌握哪些基础技术和技能。为此，本章将详细介绍一系列常见的基础技术，旨在为你的低代码学习之旅打下坚实的基础。这些技术包括规则引擎、流程引擎、动态脚本语言、模板引擎、常见的数据交换格式等。通过掌握这些基础技术，你将在后续的案例实战中更加得心应手，将理论知识转换为实践能力。本章的讲解将为你的低代码学习之旅提供强有力的支持，帮助你在低代码开发的道路上迈出坚实的步伐。

3.1 规则引擎

3.1.1 什么是规则引擎

规则引擎是一种应用程序中的组件，它从推理引擎发展而来，并被嵌入应用程序中。它使得业务决策能够从应用程序代码中分离出来，并通过预定义的语义模块来编写。简而言之，你可以提前定义好规则，当程序执行到相关代码时，会按照规则响应相应的结果。这些规则可以是POJO上定义的注释，以脚本的形式存放在文档中，或者是表达式和代码函数。

3.1.2 规则引擎在低代码平台中的作用

这里为什么要讲规则引擎呢？因为在诸如会员权益或活动任务等场景，通过低代码实现时，规则引擎可以减少因新增权益或新增活动任务而产生的开发工作量。以会员权益为例，产品经理为了提高日活，经常会新增各种权益，而每种权益又有各种各样的使用限制，也就是我们说的使用规则。按照传统的研发逻辑，每次产品经理需要新增一种或几种权益，都需要研发人员对权益进行开发，比如创建权益和编写权益的所有规则逻辑。然而，权益的规则通常是通用的，比如使用门槛（等级门槛、注册时间、黑白名单、用户池）、使用限制（年月日可用、次数限制）、封顶控制（年月日次数上限、总上限）、金额计算、时长计算等；还可能需要对规则进行组合或切换顺序判断。如果使用规则引擎，只需要提前编写各种规则元素，然后就可以组装成一个权益。具体实现将在后面的案例中详细讲解。

3.1.3　有哪些规则引擎

目前市面上的规则引擎非常多，分为商业和开源两种类型，常见的有Drools、Easy Rules、URule、Aviator等。为了帮助读者了解和选择不同的规则引擎，笔者整理了一个表格供参考，如表3-1所示。

表 3-1　不同规则引擎的区别和选用

	Drools（JBoss Rules）	Easy Rules	Aviator	URule
语言/国家	Java/国外	Java/国外	Java/国内	Java/国内
定　　位	规则引擎	规则引擎	表达式求值引擎	规则引擎
特　　性	重量级、集成功能多、易用性好，支持Java代码嵌入规则文件；基于Rete算法，执行速度快	轻量级库、API 学习成本低；基于注解编程模型；定义抽象的业务规则并轻松应用它们；支持从简单规则创建组合规则的能力；支持使用表达式语言，如MVEL、SpEL 和 JEXL	支持数字、字符串、正则表达式、布尔值等基本类型，完整支持所有Java运算符及优先级等	以Rete算法为基础，提供了向导式规则集、脚本式规则集、决策表、交叉决策表（PRO版提供）、决策树、评分卡及决策流7种类型的规则定义方式，配合基于Web的设计器，可快速实现规则的定义、维护与发布
是否开源	开源	开源	开源	开源/商业
社区活跃	活跃度高	不活跃，2020年进入维护阶段	活跃度高	不活跃，2018年后未更新
规则配置方式	DRL规则文件 Excel决策树文件	JavaBean&注解 表达式语言 YML规则描述文件	脚本语言	Java类
可 视 化	WorkBench	不支持	不支持	网页版设计器
热 部 署	支持	支持	支持	开源版不支持
缺　　点	规则仍需要开发工程师维护；规则规模大了之后也不好维护；规则语法只适合扁平规则，对于嵌套规则的支持并不好；学习成本高	基于注解的POJO编程模型，类似于策略模式的实现，方便业务逻辑的隔离；如果使用YML文件的方式配置规则，功能上就没有Drools强大；未使用Rete算法，规则匹配效率较低	严格来说，只是表达式求值引擎，不适合复杂的业务逻辑使用	开源版本功能阉割较为严重，缺乏社区支持度。商业版本功能齐全，规则配置可视化程度高
协　　议	Apache License 2.0	MIT License	LGPL	Apache License 2.0

3.1.4 低代码平台推荐使用的规则引擎

日常工作对规则引擎的要求可能不高，读者可按业务需求选择。但是，低代码平台对规则引擎的选用会有一些特殊要求，并不是所有规则引擎都能够满足，比如以下要求。

1. 入参的灵活性

不同业务或权益会有不同的入参，没有固定的POJO；基于POJO注解编程模型的规则引擎无法支持这种灵活性。

2. 规则的多样性，也要求返回形式的多样性

在低代码平台中，规则可分为过滤型、过程型和展示型。过滤型规则返回 TRUE 或 FALSE；过程型规则返回特定数据结果；展示型规则返回前端展示的数据。规则结果的多样性要求规则引擎不仅能返回简单的 TRUE 或 FALSE，还能增强平台的拓展性。

3. 能够支持第三方调用和数据库查询

在众多业务场景中，规则常常需要调用容器内的接口，或者操作数据库，甚至调用外部接口，简单的表达式规则无法形成业务的闭环。例如，在会员权益业务中，假如权益内容为金卡会员，每日只能领取一张抵用券，我们需要调用会员中台接口，判断当前会员是不是金卡会员，还需要查询数据库，获取指定会员今日已领取该权益的次数。

4. 尽量减少多个规则引擎的使用

在进行规则引擎选型时，需要考虑业务未来发展的需求，尽量避免后续因缺少某项功能引入其他规则引擎。规则引擎配置方式的多样性，导致随意切换规则引擎会带来许多风险，同时会提高规则引擎切换的成本。

5. 自定义函数强大，支持指定语言编码（比如Java）

提供强大的自定义函数功能，允许研发人员根据产品需求通过代码实现复杂的规则运算和额外能力补充。例如，如果规则设定为打卡6次即可获得60积分，那么规则引擎需要能够查询数据库以计算打卡次数。此外，在某些场景下，可能还需要规则引擎支持日志上报统计通过规则的用户数，或者在规则执行异常时发送MQ消息进行异步重试。

6. 规则能够嵌套和灵活搭配

在实际应用场景中，我们经常需要使用嵌套和组合的规则。例如，在一个停车场业务场景中，商场原本对所有金卡用户免收停车费，最近为了促进银卡用户的消费，增加了一项权益：消费满300元的银卡用户也可免收停车费。这样的规则可以通过逻辑表达式组合来实现，如“会员等级=金卡 ||（会员等级=银卡 && 消费金额>300）”。

综合上述要求，在3.1.3节介绍的规则引擎中，可选的有Drools和Aviator。然而，Aviator基于LGPL协议开发，这可能导致部分企业在选型时有所顾虑。如果业务需求不是特别复杂，

可以选择Drools作为降级选项。当然，如果需要，也可以直接使用Java来实现简单的规则引擎。

3.1.5　Aviator使用介绍

本小节介绍Aviator的使用。Aviator支持大部分运算操作符，包括算术操作符（+、-、*、/、%）、比较运算符（>、>=、==、!=、<、<=）、逻辑操作符（&&、||、！）、位运算操作符（&、|、^、<<、>>）、三元表达式（? :）、正则表达式（=~），还支持操作符的优先级和使用括号来强制优先级，并且支持对传入的参数进行运算。

1. 引入依赖

```
<dependency>
<groupId>com.googlecode.aviator</groupId>
<artifactId>aviator</artifactId>
<version>5.3.0</version>
</dependency>
```

2. 常见的使用方法

```
public static void main(String[] args) {
    // 支持算术运算符
    System.out.println(AviatorEvaluator.execute("(1 + 2 - 0) * 3 / 3 % 2")); //1
    // 支持比较运算符和逻辑运算符
    System.out.println(AviatorEvaluator.execute("3 > 2 && 2 != 4 || true")); //true
    // 支持位运算符
    System.out.println(AviatorEvaluator.execute("104 ^ 111")); //7
    // 支持三元表达式
    System.out.println(AviatorEvaluator.execute("6 > 2 ? 1 : 0")); //1
    //支持正则表达式：正则表达式需要放在//之间
    System.out.println(AviatorEvaluator.execute("'128' =~ /[0 9]{3}/")); //true
    // 支持调用函数
    System.out.println(AviatorEvaluator.execute("string.length('abc')")); //3
    System.out.println(AviatorEvaluator.execute("string.contains('ABC', 'B')"));
    //true
    System.out.println(AviatorEvaluator.execute("math.pow(-3, 2)")); //9.0
    System.out.println(AviatorEvaluator.execute("math.sqrt(9.0)")); //3.0

    // 支持传参
    // 传参方式1：通过exec，无须传递Map格式，不推荐使用
    String str = "这是内容";
    System.out.println(AviatorEvaluator.exec("'输出内容：'+ str", str)); // 输出内
容：这是内容
    // 传参方式1：通过execute，需要传递Map格式
    Map<String, Object> map = new HashMap<String, Object>();
    map.put("paramA", "参数A");
```

```
    map.put("paramB", "参数");
    System.out.println(AviatorEvaluator.execute(" string.startsWith(paramA,
paramB)",map)); //true
}
```

3. 自定义函数

要使用自定义函数，首先需要继承AbstractFunction类，重写getName和call方法。其中，getName方法用于定义函数的名称，而call方法用于实现函数的具体逻辑运算。

1）限制用户每日使用权益一次

```
// 继承AbstractFunction，重写getName和call方法
public class UserDayLimitFunction extends AbstractFunction {
    @Override
    public AviatorObject call(Map<String, Object> param) { //获取用户id
        String userId = String.valueOf(param.get("userId")); //获取用户当日已使用次数
        int times = ElementUtil.queryDayTimesByUserId(userId);
        int success = times > 1 ? 0 : 1;
        return new AviatorBigInt(success);
    }

    @Override
    public String getName() {
        return "userDayLimit";
    }
}
```

2）限制每月用户使用权益 5 次

```
// 继承AbstractFunction，重写getName和call方法
public class MonthLimitFunction extends AbstractFunction {
    @Override
    public AviatorObject call(Map<String, Object> param) {
        // 获取用户id
        String userId = String.valueOf(param.get("userId"));
        // 获取用户当月已使用次数
        int times = ElementUtil.queryMonthTimesByUserId(userId);
        int success= times > 1 ? 0 : 1;
        return new AviatorBigInt(success);
    }
    @Override
    public String getName() {
        return "userMonthLimit";
    }
}
```

4. 调试

```
public static void main(String[] args) {
    // 加载自定义函数
    AviatorEvaluator.addFunction(new UserDayLimitFunction());
    AviatorEvaluator.addFunction(new MonthLimitFunction());
    // 设置基本参数
    Map<String, Object> params = new HashMap<>();
    params.put("userId", "张三");
    // 判断用户是否有权益A
    // 通过数据库获取权益A规则表达式：用户只要未达月上限就可以使用权益
    String ruleA = "userMonthLimit()>0";
    System.out.println(AviatorEvaluator.execute(ruleA, params));
    // 判断用户是否有权益B
    // 通过数据库获取权益B规则表达式：用户不能超过月上限且不能超过日上限才可以使用权益
    String ruleB = "userDayLimit()>0 && userMonthLimit()>0";
    System.out.println(AviatorEvaluator.execute(ruleB, params));
}
```

通过上述案例，当运营人员熟悉Aviator表达式后，如果业务方想新增一个用户权益，运营人员只需通过配置表达式即可创建新的权益。举一反三，如果我们将配置表达式的能力转换为前端组件配置的形式：平台用户在创建新权益时，每个组件代表一个规则，用户只需将组件拖曳进权益配置界面中，然后平台用户只需配置每个规则所需的参数，即可完成新权益的创建。

3.2 流程引擎

3.2.1 什么是流程引擎

流程引擎（Process Engine）是一种用于管理和执行业务流程的软件技术或工具。流程引擎基于一组节点与执行界面，通过人机交互的形式自动地执行与协调各个任务和活动。它可以实现任务的分配、协作、路由和跟踪。通过流程引擎，组织能够实现业务流程的优化、标准化和自动化，从而提高工作效率和质量。总的来说，它是一套低代码工具，能够帮助我们可视化地设计和修改业务流程。低代码平台、办公自动化（Office Automation，OA）、BPM平台和工作流系统均需要流程引擎功能。

流程引擎通常包括以下几个组成部分。

（1）流程设计器（Process Designer）：这是用来设计流程图的工具，它提供了一系列的节点、连线和规则，方便用户从画布中拖曳出工业流程图。用户可以使用建模工具创建业务流程模型，包括流程图、活动、决策、条件等元素，并定义流程的执行顺序、条件和规则。

（2）执行引擎：负责根据流程设计器的设计来执行实际的业务流程。执行引擎将业务流程抽象成可执行的流程模型，并自动化执行流程。

（3）监控工具：用于实时监控流程的执行情况，并提供报告。

流程引擎的核心功能包括流程建模、流程执行和流程监控。在流程建模阶段，用户可以使用建模工具来定义业务流程。在流程执行阶段，执行引擎会根据定义的流程来执行实际的业务操作。在流程监控阶段，监控工具会提供实时的流程执行情况和报告，以便用户了解流程的执行细节并进行相应的调整。

3.2.2 流程引擎在低代码平台中的作用

流程引擎是一个低代码工具，它允许我们在不编写代码的情况下，通过可视化界面来控制流程的转变。在OA系统中，流程引擎的应用非常广泛，而在企业级的低代码系统中，它同样具有重要的价值。例如，在CRM系统中，如果原有的流程包括：线索→拜访→机会→合同→门店→勘探→发货，那么当需要在合同签订后增加回访环节时，只需在合同和门店之间插入一个回访的执行模块，即可实现：线索→拜访→机会→合同→回访→门店→勘探→发货，而无须重新编写代码。

流程引擎的作用不仅限于此，它还可以根据当前流程的结果来控制流程的前进与后退。例如，如果机会未能转换为合同，流程引擎可以配置为自动触发第二次拜访的任务。

实际上，流程引擎可以发挥更大的作用，解决代码逻辑的问题。在代码开发过程中，我们经常进行if判断、for循环、调用接口、操作数据库等操作。如果将这些操作转换为可视化的操作，那么我们甚至可能不再需要敲代码。为了加深读者的理解，后面的案例中将对此进行详细讲解。

3.2.3 有哪些流程引擎

目前市面上存在多种流程引擎，其中一些主流的流程引擎包括Activiti、Flowable、Camunda、OSWorkflow、jBPM等。以下是这些流程引擎的简要介绍和对比。

1. Activiti

- 基于Java的轻量级业务流程引擎。
- 提供图形化的流程设计器和管理界面。
- 支持BPMN 2.0规范。

2. Flowable

- Activiti的分支，专注于企业级应用。
- 提供了更多的定制选项和扩展性。
- 提供了可视化建模工具。

3. Camunda

- 强大的BPM平台，支持微服务架构。
- 提供了对CMMN（Case Management Model and Notation，案例管理模型与符号）和DMN（Decision Model and Notation，决策模型与符号）的支持。
- 有强大的社区支持和丰富的文档。

4. OSWorkflow

- 完全用Java编写的开放源代码工作流引擎。
- 显著的灵活性，面向技术背景用户。
- 用户可以根据需求设计简单或复杂的工作流。

5. jBPM

- 提供灵活且可扩展的工具和API。
- 支持图形化的流程设计器。
- 可与规则引擎（如Drools）集成。

1）流程引擎的比较

Activiti、Flowable、Camunda、OSWorkflow 和 jBPM 五种流程引擎的比较如表 3-2 所示。

表 3-2 流程引擎的比较

特　　性	Activiti	Flowable	Camunda	OSWorkflow	jBPM
起　　源	基于jBPM派生	Activiti分支	全新开发	自主开发	自主开发
BPMN 2.0支持	是	是	是	是（通过插件）	是
图形化建模	是	是	是（Camunda Modeler）	否	是
规则引擎集成	有限	有限	是（DMN支持）	否	是（与Drools集成）
微服务架构支持	有限	有限	优秀	有限	有限
社区支持	适中	适中	强大	适中	适中
定制性和扩展性	适中	高	高	高	高
商业支持	有限	有限	提供	有限	提供

2）使用率

- Activiti：由于该引擎的轻量级和易用性，在中小企业和开源社区中较为流行。
- Flowable：作为Activiti的分支，由于该引擎在企业级应用中的优势和更多的定制选项，获得了较高的使用率。
- Camunda：由于该引擎强大的功能和支持微服务架构的能力，在大型企业和复杂业务流程管理场景中较为流行。
- OSWorkflow：虽然该引擎在特定领域（如ERP、CRM等）有一定的用户基础，但相对于其他引擎，其整体使用率可能较低。

- jBPM：作为一个成熟的BPM解决方案，该引擎在Java社区中有一定的用户群体，特别是在需要与规则引擎集成的场景中。

3.2.4 低代码平台推荐的流程引擎

如果只是实现简单的流程切换，前面介绍的流程引擎可以根据实际业务需求进行选择。然而，在低代码平台中，特别是在大企业的低代码平台中（小企业可能不会投入大量资源），我们往往会选择自行搭建一个符合业务需求的流程引擎。正如前面提到的，在低代码平台中，我们不仅需要处理if和for这样的基本逻辑，还需要处理参数透传、方法调用、消息同步、数据库操作等复杂操作，以及各种触发器。这些操作可能需要我们自行开发才能满足特定的业务需求。

3.3 动态脚本语言

3.3.1 什么是动态脚本语言

动态脚本语言（Dynamic Scripting Language）是一类在运行时解释执行的编程语言，通常具有灵活、易读、易写和易于学习的特点。这些语言通常不需要编译为机器码，而是直接由解释器或虚拟机执行源代码。动态脚本语言通常用于快速开发、原型设计、网页开发、自动化脚本、数据处理等多种应用场景。

动态脚本语言的主要特点如下。

- 解释执行：动态脚本语言不需要像传统编译型语言那样先编译成机器码再执行，而是直接由解释器读取源代码并执行。这使得代码的开发和调试过程更加快速和便捷。
- 动态类型：动态脚本语言通常支持动态类型，即在运行时确定变量的类型。这意味着程序员不需要在声明变量时指定其类型，而是在运行时根据变量的值来推断其类型。这种灵活性提高了编程的便捷性，但也可能牺牲一些性能。
- 易读易写：动态脚本语言的语法通常较为简洁和直观，易于学习和使用。这使得它们成为初学者和快速开发项目的理想选择。
- 跨平台性：由于动态脚本语言通常不依赖于特定的硬件或操作系统，因此它们通常具有很好的跨平台性。只需安装相应的解释器或虚拟机，就可以在任何支持该语言的平台上运行脚本。
- 快速开发：动态脚本语言的快速开发和迭代能力使它们非常适合用于原型设计和快速构建应用程序。开发人员可以快速编写和测试代码，然后根据需要进行调整和优化。
- 与Web开发密切相关：许多动态脚本语言（如JavaScript、PHP、Python等）在Web开发领域具有广泛应用。它们可以用于构建Web应用程序、处理用户输入、与数据库交互等任务。
- 扩展性：动态脚本语言通常具有强大的扩展能力，可以通过插件、库和框架等方式扩展其功能。这使得它们能够适应各种复杂的业务需求和技术挑战。

3.3.2　动态脚本语言在低代码平台中的作用

由于动态脚本语言具有解释执行的特性，结合低代码平台的优势，我们可以了解到动态脚本语言在低代码平台中的应用具有重要意义。在流程引擎中，我们通常需要调用其他方法或外部接口。如果每次都需要编写代码来对接外部接口，那么使用动态脚本语言可以直接在流程引擎中编写动态脚本函数，无须重启服务。当流程执行过程中检测到动态脚本语言时，可以直接执行这些脚本。

3.3.3　有哪些动态脚本语言

常见的动态脚本语言有Python、JavaScript、Ruby、Perl、PHP和Groovy，它们的区别如下。

1. Python

特性：Python是一种解释型的高级通用编程语言，其设计哲学特别强调代码的可读性，使用缩进来定义代码块。此外，Python支持多种编程范式，包括面向过程和面向对象编程。

优点：简洁易读、跨平台、拥有庞大的库和框架生态系统（如Django、TensorFlow等）、支持多种应用场景（如Web开发、数据分析、人工智能等）。

缺点：相对于编译型语言，执行速度可能较慢。

2. JavaScript

特性：JavaScript是一种客户端脚本语言，主要用于Web浏览器，使得开发者能够在网页上实现动态内容和交互功能。

优点：与HTML和CSS紧密结合，可以直接操作DOM；支持异步编程和事件驱动模型；广泛应用于前端开发和单页面应用（Single Page Application，SPA）。

缺点：浏览器兼容性问题；全局作用域和变量提升可能导致一些不易察觉的错误。

3. Ruby

特性：Ruby是一种面向对象的解释型编程语言，以简洁、易读和优雅著称，旨在让程序员感到快乐和富有生产力。

优点：语法简洁易读；具有丰富的库和框架（如Ruby on Rails）；元编程能力强。

缺点：执行速度相对较慢；社区相对较小（与Python和JavaScript相比）。

4. Perl

特性：Perl是一种解释型的通用编程语言，特别擅长文本处理，并且支持正则表达式。

优点：强大的文本处理能力；适合进行系统管理、网络编程和CGI编程。

缺点：语法较复杂，学习曲线较陡峭；在某些应用场景下，性能可能不如其他语言。

5. PHP

特性：PHP是一种服务器端脚本语言，主要用于Web开发。它支持多种数据库，可以轻松地与MySQL等数据库进行交互。

优点：易于学习；与MySQL结合紧密；拥有大量的Web开发框架和CMS系统（如WordPress）。

缺点：安全性问题（如SQL注入等）；在某些复杂的应用场景下，性能可能受限。

6. Groovy

特性：Groovy是一种基于JVM（Java Virtual Machine，Java虚拟机）的面向对象编程语言。它的语法与Java非常相似，但更加简洁和灵活，且可以与Java无缝集成，允许在Java项目中直接使用Groovy代码。

优点：简洁易读的语法；与Java无缝集成；支持动态类型；可以编写DSL（Domain-Specific Language，领域特定语言）。

缺点：相对于原生Java，性能可能略低；社区相对较小（与Java和Python相比）。

为了让读者更直观地对比它们之间的差异，整理了表3-3方便读者查阅。

表 3-3　6 种动态脚本语言之间的对比

脚本语言	特　　性	优　　点	缺　　点	主要应用场景
Python	简洁易读、面向对象、跨平台	易于学习、丰富的库和框架、可读性强	执行速度相对较慢	网页开发、数据分析、人工智能、机器学习等
JavaScript	浏览器内执行、事件驱动、面向对象	交互性强、与HTML/CSS紧密结合	安全性问题、依赖浏览器	Web前端开发、动态网页、移动应用前端
Ruby	简洁易读、面向对象、元编程能力强	易于学习、开发效率高、社区活跃	执行速度相对较慢	Web开发（Ruby on Rails）、脚本编写
Perl	文本处理能力强、正则表达式支持	强大的文本处理能力、系统管理工具	语法较复杂、学习曲线较陡峭	系统管理、网络编程、Web开发
PHP	服务器端脚本语言、支持多种数据库	易于学习、与MySQL结合紧密	安全性问题、性能瓶颈	Web开发、电子商务平台、内容管理系统
Groovy	基于JVM、与Java兼容、性能优越	简洁的语法、与Java无缝集成	相对于原生Java性能略低	脚本编写、与Java协同开发、DSL开发、Web开发

3.3.4　低代码平台推荐

基于国内庞大的Java开发群体，从Java的兼容性、学习成本和广泛应用考虑，毫无疑问我们推荐使用Groovy。对于已经拥有Java开发环境的团队来说，引入Groovy几乎不需要额外的配置和学习成本。这种无缝集成使得Groovy在低代码平台中备受青睐，因为它可以充分利用现有的Java生态系统和工具。Groovy以其简洁的语法、与Java的无缝集成、动态编程和灵活性以及丰富的特性和库等特点，成为低代码平台推荐使用的编程语言之一。下面列举了Groovy在低代码平台中的几个主要应用场景。

1. 流程引擎自定义逻辑

在前面讨论流程引擎时提到，流程引擎需要执行方法调用、消息同步、数据库操作以及触发器操作等任务。为了满足不同业务流程的定制化需求，流程引擎必须具备高度的灵活性和可配置性。Groovy作为一种动态脚本语言，在这方面展现出了独特的优势。具体表现如下：

- 接口暴露：Java服务只需暴露一些通用的接口（如消息队列操作、数据库操作、触发器操作等），供Groovy调用。
- 脚本配置：在流程引擎的各个流程节点中，可添加Groovy脚本，并在保存流程时将Groovy脚本保存到数据库或文件中。
- 脚本执行：当流程引擎启动并按流程定义顺序执行各个节点时，一旦遇到包含Groovy脚本的节点，就会触发该脚本的执行。Groovy脚本根据节点配置和传入参数执行相应的操作，并将结果返回给流程引擎。流程引擎根据执行结果继续执行后续节点或进行相应的处理。

2. API网关接入

Groovy在API网关领域的应用得益于其作为灵活脚本语言的特性，能够为API网关提供动态配置、自定义逻辑以及扩展功能。具体来说，Groovy在API网关中的应用场景包括以下几个方面。

- 动态路由和流量控制：Groovy可以用于编写自定义的路由规则，根据请求的属性（如请求头、请求路径、请求参数等）进行动态路由，从而实现流量的分发和控制。例如，可以根据请求的来源IP、用户身份等信息，将请求路由到不同的后端服务或进行限流处理。
- 请求和响应的转换：在API网关中，Groovy可以用于编写自定义的请求和响应转换逻辑。例如，可以对入站请求进行解析、验证和转换，以适应后端服务的接口要求；对出站响应进行格式化、加密和压缩，以满足客户端的需求。
- 自定义身份验证和授权：Groovy可以用于编写自定义的身份验证和授权逻辑。例如，可以实现基于JWT（JSON Web Token）的身份验证，或者根据用户的角色和权限信息进行访问控制。
- 日志和监控：Groovy还可以用于编写自定义的日志和监控逻辑。例如，可以记录每个请求的详细信息，包括请求时间、请求路径、请求参数、响应状态码等，便于后续分析和排查问题。
- 扩展和定制功能：由于Groovy是一种灵活的脚本语言，开发者可以根据具体需求扩展和定制API网关的功能。例如，可以编写自定义的过滤器、拦截器或插件，以实现对API调用的特殊处理或增强功能。

Groovy在API网关中的应用可以为开发者提供更大的灵活性和扩展性，使其能够更快速地构建和部署满足业务需求的API网关。同时，由于Groovy与Java的无缝集成，开发者可以充分利用Java生态系统的丰富资源和工具，从而提高开发效率和系统稳定性。

3. 规则引擎

Groovy在实现规则引擎方面有着天然的优势，因为它是一种基于JVM的、灵活且易于理解的动态语言。规则引擎通常用于将业务逻辑从代码中分离出来，以便在不修改代码的情况下修改业务规则。以下是一个简单的步骤，说明如何使用Groovy来实现一个简单的规则引擎。

1）定义规则

首先，需要定义自己的业务规则。这些规则可以以Groovy脚本的形式存在，因为Groovy允许编写类似于Java的代码，但使用更加简洁和灵活的语法。

例如，定义一个名为getDiscount.Groovy的Groovy脚本文件，其中包含一个或多个规则函数：

```
// 定义检查折扣条件的函数
def checkDiscount(order) {
    // 如果订单金额大于1000且积分大于60，返回true，否则返回false
    order.amount > 1000 && order.point > 60
}

// 定义计算折扣的函数
def getDiscount(order) {
    if (checkDiscount(order)) {          // 如果满足折扣条件
        return order.amount * 0.2        // 计算并返回折扣金额：订单金额的20%
    } else {
        return 0.0                       // 如果不满足折扣条件，返回0.0
    }
}
```

2）加载和执行 Groovy 脚本

在Java应用程序中，可以使用Groovy的GroovyScriptEngine或GroovyShell来加载和执行Groovy脚本。

例如，使用GroovyShell：

```
import Groovy.lang.GroovyShell; // 导入GroovyShell类，用于加载和执行Groovy脚本
import Groovy.lang.Script;      // 导入Script类，用于表示Groovy脚本
public class RuleEngine {
    // 声明GroovyShell对象，用于加载和执行Groovy脚本
    private GroovyShell GroovyShell;
    public RuleEngine() {           // 构造函数，初始化GroovyShell对象
        this.GroovyShell = new GroovyShell(); // 创建GroovyShell实例
    }

    // 执行Groovy脚本并返回结果
    public Object executeScript(String scriptName, Object... args) {
        try {
```

```
            // 加载Groovy脚本，解析指定路径的Groovy脚本文件
            Script script = GroovyShell.parse(new File(scriptName));
            // 执行脚本中的方法，并传入参数，调用Groovy脚本中的getDiscount方法并传入参数
            return script.invokeMethod("getDiscount", args);
        } catch (Exception e) {
            e.printStackTrace();          // 捕获异常并打印堆栈信息
        }
        return null;                      // 如果执行过程中出现异常，返回null
    }
    public static void main(String[] args) {
        // 创建RuleEngine实例
        RuleEngine ruleEngine = new RuleEngine();
        // 创建一个Order对象，模拟订单信息
        Order order = new Order(90,61);
        // 调用executeScript方法执行Groovy脚本，计算折扣
        double discount = (double) ruleEngine.executeScript("getDiscount.Groovy",
order);
        // 输出计算出的折扣金额
        System.out.println("Discount: " + discount);
    }
}
```

注意：你需要处理Groovy脚本的加载与可能的异常。此外，为简化示例，在这里直接调用了getDiscount方法。在实际应用中，可能需要根据规则名称或标识符等更复杂的逻辑来调用不同的规则函数。

3）扩展和维护

由于规则是以Groovy脚本的形式存在的，因此可以在不修改Java代码的情况下轻松修改或添加新的规则。只需编辑Groovy脚本文件并重新运行应用程序即可实现，这大幅增加了系统的灵活性和可维护性。

4）性能和安全性考虑

虽然Groovy提供了很多便利，但在生产环境中使用时，仍然需要关注性能和安全性问题。例如，确保你的Groovy脚本是安全的，不会执行恶意代码。此外，对于需要高性能的应用程序，可能需要仔细评估Groovy的性能表现，并考虑使用其他技术或优化策略来提高性能。

4. 拓展Saas功能

在SaaS（Software-as-a-Service）应用中，为了满足不同客户的需求，提供灵活且易于定制的解决方案至关重要。尽管SaaS平台通常提供一系列标准化的功能作为其核心服务，但每个客户都有其独特的业务流程和特定的业务需求，这要求SaaS应用必须具备定制化和可拓展性。Groovy作为一种强大的脚本语言，在这方面发挥了重要作用。

5. 定制化操作

当客户需要对SaaS应用进行定制化操作时，Groovy脚本的引入极大地简化了这一过程。通过编写Groovy脚本，客户能够直接针对特定的业务流程或功能进行定制，而无须依赖开发团队进行代码级的修改。这种灵活性使SaaS应用能够更好地适应不同客户的需求，提高客户满意度和忠诚度。

例如，一个CRM（Customer Relationship Management，客户关系管理）SaaS应用可能提供了通用的客户信息管理、销售机会跟踪等功能。然而，某个客户可能希望根据自身的业务特点添加特定的字段、验证规则或业务逻辑。通过Groovy脚本，客户可以轻松实现这些定制化需求，而无须等待开发团队进行漫长的开发和部署。

除定制化操作外，Groovy还允许客户对SaaS应用的功能进行拓展。当客户发现现有的功能无法满足其业务需求时，他们可以通过编写Groovy脚本来添加新的功能或拓展现有功能。这种拓展性使得SaaS应用能够保持与时俱进，满足不断变化的业务需求。

以ERP（Enterprise Resource Planning，企业资源规划）SaaS应用为例，它可能提供了库存管理、采购管理、生产管理等核心功能。然而，随着业务的发展，客户可能希望添加新的模块或功能，如质量管理、项目管理等。通过Groovy脚本，客户可以自主开发这些新功能，并将其集成到现有的ERP系统中，从而实现功能的快速拓展和升级。

3.4 模板引擎

3.4.1 什么是模板引擎

作为Web开发领域的重要工具，模板引擎是构建动态内容生成流程的核心组件。它的核心作用是将静态的模板文件与动态的数据进行智能结合，以生成多样化的、用户定制的HTML、XML或其他文档类型。这一过程不仅提升了内容生成的效率，同时大幅简化了开发和维护的复杂度。

模板引擎的工作原理基于“占位符”机制。在模板文件中，开发者预先定义了多个占位符，这些占位符将用于填充动态数据。当模板引擎接收到实际的数据输入时，它会遍历整个模板文件，查找所有占位符，并用对应的数据进行替换。这一过程确保了内容的动态性和个性化。

除简单的数据替换外，模板引擎还支持更为复杂的逻辑操作。通过向模板文件中插入变量、条件语句、循环结构等控制语句，开发者可以定义更复杂的逻辑规则。这些规则允许模板引擎根据数据的不同属性或状态，动态地改变输出内容的结构和样式。例如，当某个数据项的值超过某个阈值时，模板引擎可以自动改变页面的颜色或显示特定的警告信息。

模板引擎的引入使得Web开发过程更加灵活和高效。开发者可以专注于编写清晰、易于维护的模板文件，而将复杂的数据处理和逻辑运算交给后端程序来处理。这种分工合作的方式不仅提高了开发效率，也使得整个Web应用更加易于扩展和维护。同时，由于模板引擎支持多种文档类型的输出，因此它可以广泛应用于需要动态内容生成的各种场景，如电子邮件、配置文件、报告等。

3.4.2　模板引擎的应用场景

模板引擎在低代码平台中的应用具有诸多优势，特别是当使用FreeMarker等强大模板引擎时，其应用变得更加广泛和高效。下面介绍几个具体的应用场景。

- 渲染页面结构：模板引擎允许开发人员通过创建可复用的模板文件，轻松定义用户界面结构。这些模板可以包含HTML标记、CSS样式和JavaScript脚本，并通过变量、宏等特性实现动态内容的插入。开发人员只需将模板与业务数据相结合，即可快速渲染出符合需求的用户界面，极大地提高了开发效率。
- API服务平台：在调用第三方接口时，数据格式和字段名称的匹配往往是一个烦琐的任务。然而，通过使用模板引擎，开发人员可以轻松地将输入的数据映射成第三方接口所需的层次结构和字段名称。通过定义模板文件，开发人员可以指定数据如何被格式化、转换和传递给API，从而简化与第三方服务的集成过程。
- 约束输出内容：在设计通用数据库查询接口时，直接输出查询结果可能会导致敏感信息泄露或格式混乱。通过使用模板引擎，开发人员可以在查询结果返回之前，通过模板定义约束输出的内容。例如，可以使用模板过滤掉敏感字段、格式化日期和数字、添加HTML标记等。这样，开发人员可以确保仅呈现格式正确的信息，提高了系统的安全性和可读性。
- 数据变动无须重启服务：部分模板引擎支持模板的实时编译和加载。当模板文件发生变动时，模板引擎可以自动重新编译模板并更新缓存。这意味着在开发过程中，开发人员可以随时修改模板文件，而无须重启整个服务或应用程序。这种热更新能力使开发人员能够更快地看到修改后的效果，并缩短开发周期。

3.4.3　有哪些模板引擎

本小节将介绍几种常见的模板引擎。

- FreeMarker是一个用Java语言编写的模板引擎，可以生成HTML、XML或任何文本文件。它支持丰富的模板语言，允许开发人员通过变量、宏、条件语句等来动态生成内容。
- Thymeleaf是一个用于Web和独立环境的现代服务器端Java模板引擎。它完全支持HTML5，并允许在模板中使用HTML属性进行模板化。此外，它与Spring Framework紧密集成。
- Velocity是一个基于Java的模板引擎，允许开发人员使用模板语言来引用由Java代码定义的对象。它常用于动态内容生成，如Web页面、电子邮件和源代码等。
- JSP（JavaServer Pages）是Java EE平台的标准技术之一，允许在HTML页面中嵌入Java代码。JSP页面被编译成Servlet来执行，并可以生成动态内容。
- Handlebars是一个简单、高效且易于使用的模板引擎，采用Mustache模板语法。Handlebars提供了条件、迭代和辅助函数等功能，使模板编写变得简单直观。

这几种常见的模板引擎的特点如下。

- FreeMarker：功能强大，支持丰富的模板语言；易于集成到Java项目中；模板文件与代码分离，易于维护。
- Thymeleaf：完全支持HTML5；可以与Spring Framework紧密集成；支持国际化；提供丰富的表达式语言。
- Velocity：简单易用；性能良好；可以与Java代码紧密结合；支持模板继承和包含。
- JSP：Java EE标准技术；可以直接在HTML页面中嵌入Java代码；支持自定义标签库；性能良好。
- Handlebars：语法简洁直观；易于学习和使用；支持条件、迭代和辅助函数等功能；可以与多种后端语言结合使用。

常见的模板引擎的对比如表3-4所示。

表 3-4 常见的模板引擎的对比

模板引擎	语言支持	模板语言丰富性	与Java集成	性　能	HTML5支持
FreeMarker	Java	高	良好	中等	良好
Thymeleaf	Java	中等	优秀（与Spring集成）	中等	优秀
Velocity	Java	中等	良好	优秀	良好
JSP	Java	高（Java代码嵌入）	优秀（Java EE标准）	优秀	良好
Handlebars	多种语言	中等	取决于后端实现	中等	优秀

请注意，表3-4中的“性能”和“模板语言丰富性”等指标是相对的，并且可能因具体使用情况而有所不同。此外，模板引擎的选择还应考虑项目的具体需求和开发环境。

3.4.4 推荐模板引擎

在低代码平台中，模板引擎之间的差异并不显著。对于前面介绍的模板引擎，读者可以根据自己的业务需求进行选择。但是，在低代码平台中，需要特别关注热更新问题，尽量减少服务重启，避免影响用户体验和业务的稳定性。FreeMarker本身并不直接处理热重载（hot-reloading），但可以在应用程序或框架层面实现热重载来解决这个问题。另一方面，Thymeleaf在Spring Boot环境中可以通过结合使用spring-boot-devtools，并在application.yml文件中设置spring.thymeleaf.cache:false来实现热更新。这样，在修改Thymeleaf模板后，无须重启服务，改动即可生效。

至于其他模板引擎，如Velocity、JSP和Handlebars，它们是否支持热更新，取决于具体的实现和使用环境。在某些框架或开发环境中，可能会提供热更新的支持或插件。因此，如果你需要使用热更新功能，建议查看所使用模板引擎的官方文档或社区资源，以了解如何在项目中实现这一功能。

3.5 数据交换格式JSON和Protobuf协议

3.5.1 为什么需要 JSON 和 Protobuf 协议

在讨论模板引擎的同时，我们也提及JSON和Protobuf（Protocol Buffer）协议。尽管本小节的重点并非深入探讨序列化协议，但由于它们都是序列化协议，因此一并讨论。选择在本节讲解JSON和Protobuf，是因为它们在低代码平台中扮演着特定的角色。JSON已经广为人知，因此无须赘述。对于Protobuf，我们将简要介绍。

Protobuf是Google开发的一种数据序列化协议，提供了一种语言无关、平台无关、可扩展的机制，用于以向前兼容和向后兼容的方式序列化结构化数据。与JSON和XML类似，Protobuf也是一种数据交换格式，但它更加紧凑、快速且简单。Protobuf的主要特点如下：

- 语言无关：支持多种语言，包括Java、Python、C++、JavaScript、Go以及其他语言。
- 平台无关：可以生成不同语言的代码，并在任何环境中运行。
- 性能好、扩展性好：相比JSON和XML等，Protobuf的序列化和反序列化性能更高，平均每秒可以处理10万条消息。
- 版本兼容性：具有一定的向后兼容性，可以在不破坏现有数据结构的情况下扩展和修改数据格式。
- 强类型：数据结构在编译时定义，有助于防止数据类型错误，从而提高代码的稳定性。
- 可读性和可维护性：尽管Protobuf的二进制编码不像XML和JSON那样易于人类阅读，但Protobuf的定义是文本格式的，易于理解和维护。

Protobuf的应用场景包括数据存储和交换、网络通信、序列化和反序列化等。由于其紧凑的二进制格式和高效的解析能力，Protobuf在需要处理大量数据的场景中具有显著优势。

3.5.2 JSON 和 Protobuf 协议的应用场景

JSON和Protobuf协议在低代码平台中的应用较为广泛，以下通过两个案例进行讲解。

1. 映射API接口协议

结合模板引擎，可以定义API接口协议。以下是使用FreeMarker模板引擎定义的模板内容，采用JSON格式。JSON结构与第三方接口的格式一致，JSON中的Key字段为第三方接口字段，${}中的数据则是服务内的数据。

```
{
    "name": ${categoryName},
    "category": ${category},
    "field_1PTYg__c": ${productCode},
    "field_zbG9h__c": ${userName},
```

```
    "field_sAsr6__c": ${field1},
    "field_09Ig2__c": ${field2},
    "dataObjectApiName": "ProductObj",
    "owner": [],
    "record_type": "default__c"
}
```

在调用第三方接口中，首先需要从数据库中查询数据并组装成实体对象。接着，将这些数据传入FreeMarker模板引擎进行渲染，转换为最终的JSON格式。最后，我们使用这些JSON数据来调用第三方接口，完成整个接口调用流程。具体的代码实现和详细步骤将在后续的实战案例中进行讲解，此处不再展开。

2. 定义页面结构：生成式页面和管理后台

管理后台和配置中心的工作虽然技术含量不高，但却占用了我们大部分的开发时间。通过采用低代码技术构建这些系统，可以显著释放研发团队的人力资源。此外，JSON和Protobuf在定义生成式页面方面发挥了重要作用，它们能够提供页面结构的精确描述。例如，在创建一个商品管理后台页面时，该页面包含商品名称、商品图片和商品类型等元素。我们可以使用JSON来定义这些内容，如下所示：

```
{
  "tag": "商品",
  "item": [
    {
      "field": "goodsName",
      "describe": "商品名称",
      "type": "String",
      "required": true,
      "uniq": true
    },
    {
      "field": "goodsImg",
      "describe": "商品图片",
      "type": "Image",
      "required": true,
      "uniq": false
    },
    {
      "field": "goodsType",
      "describe": "商品类型",
      "type": "Select",
      "options": {
        "Card": "卡",
        "Coupon": "券"
```

```
      },
      "required": true,
      "uniq": false
    }
  ]
}
```

也可以使用Protobuf来定义：

```
syntax = "proto3";
package configpb;
/**
 * name: 商品
 */
message Goods {
    /**
     * name: 商品名称
     * uniq: true
     * required: true
     * type: String
     */
    string goodsName = 1;
    /**
     * name: 商品图片
     * required: true
     * type: Image
     */
    string goodsImg = 2;
    /**
     * name: 商品类型
     * required: true
     * type: Select
     * options:
     *     - text: 卡
     *       value: 'Card'
     *     - text: 券
     *       value: 'Coupon'
     */
    string goodsType = 3;
}
```

3.5.3 是否有其他替代方案

除JSON和Protobuf外，还有其他一些常用的数据交换格式，具体说明如下：

- YAML（Yet Another Markup Language）：一种轻量级的文本格式，易于阅读和使用，常用于配置文件和数据交换。YAML通过缩进来表示结构，而不是使用复杂的标签或嵌套代码。
- CSV（Comma-Separated Values）：一种简单的表格形式的数据格式，用逗号分隔不同的值。CSV常用于将数据从一个软件传输到另一个软件，如电子表格程序之间的数据交换。
- XML（eXtensible Markup Language）：一种可扩展的标记语言，用于描述和传输结构化数据。XML具有自我描述性，支持多种编程语言，常用于Web服务和配置文件中。
- HTML：虽然HTML主要用于网页内容的展示，但在某些情况下，也可以作为数据交换格式使用。例如，通过Ajax等技术，可以在客户端和服务器之间传输HTML格式的数据。
- Smile：一种二进制格式的JSON，类似于Protobuf，但更接近JSON的结构。Smile的序列化结果相较于JSON更为紧凑和高效，并且支持JSON的所有特性。
- BSON（Binary JSON）：一种类JSON的二进制序列化格式，用于存储和传输数据。BSON在MongoDB数据库中广泛使用，因为它支持更丰富的数据类型，并且具有更高的性能和更小的存储需求。
- Avro：一种数据序列化系统，用于支持大量数据的存储、处理和传输。Avro数据文件是自描述的，并且具有紧凑的二进制格式，可以跨语言进行读写。

每种数据交换格式都有其独特的优点和适用场景，可根据具体需求选择合适的格式进行数据传输和交换。常见数据交换格式的对比如表3-5所示。

表3-5 常见数据交换格式的对比

数据交换格式	描　述	特　点	优　点	缺　点
YAML	轻量级文本格式	简洁、易读、易写	适用于配置文件和数据交换	对复杂的嵌套结构支持较弱
CSV	表格形式数据格式	通用性强、纯文本、结构简单	易于在软件间传输数据	不支持复杂的数据结构
XML	可扩展标记语言	自描述性、跨平台、支持多种语言	数据结构清晰、易于人类阅读	数据冗余、解析性能较差
HTML	网页内容标记语言	丰富的标签和属性	适用于网页内容的展示和传输	不是专门的数据交换格式
Smile	二进制JSON	紧凑、快速、支持JSON特性	序列化结果小、速度快	相对于JSON可读性差
BSON	二进制JSON	支持更多数据类型、性能高	适用于MongoDB等NoSQL数据库	不是通用数据交换格式
Avro	数据序列化系统	自描述、紧凑二进制格式	跨语言、支持复杂数据结构	需要预先定义Schema

这些格式各有其特点，并适用于不同的场景。例如，YAML和CSV常用于配置文件和数据交换，XML在Web服务和配置文件中广泛使用，Smile和BSON在需要高性能和紧凑格式的场景中表现出色，而Avro则更适用于需要跨语言的数据交换和复杂数据结构的场景。在选择数据交换格式时，需要根据具体的应用场景和需求来权衡各种格式的优缺点。

3.5.4　不同场景的推荐

在笔者的开发经历中，主要使用的是JSON和Protobuf。JSON以其简洁性和高可读性在众多项目中备受青睐。无论是产品研发还是测试，团队成员都能轻松驾驭这种格式。JSON的直观性和易理解性使得数据交换变得更加直观和高效。在快速迭代和新增页面的场景中，使用JSON可以显著减少后端配置的依赖，让其他角色人员能够更加独立和自主地进行配置。这种灵活性极大地提高了开发效率，使得项目能够快速响应市场变化和用户需求。

然而，随着项目规模的扩大和团队语言的多样化，JSON在某些方面可能无法满足需求。此时，Protobuf便成为另一种理想的选择。在笔者所在的企业团队中，由于涉及Java、Golang和Python等多种编程语言，不同语言间的通信和数据交换成为一个重要的问题。而Protobuf恰好提供了一种跨语言的解决方案。基于GRPC协议进行通信，Protobuf能够方便地在不同语言间进行数据传输和交换。更为重要的是，Protobuf支持自动生成对应语言的代码，使得开发人员可以更加专注于业务逻辑的实现，而无须花费大量时间处理数据格式。这种自动化生成的特性不仅提高了开发效率，还确保了代码的一致性和可维护性。

此外，Protobuf在低代码平台上的应用也是其优势之一。在低代码平台上，开发人员可以通过简单的配置和拖曳操作来快速生成页面和业务逻辑。而Protobuf作为主要的序列化协议，可以方便地与低代码平台进行集成。开发人员可以将Protobuf数据直接导入低代码平台中，并通过简单的配置来生成对应的页面和交互逻辑。这种无缝对接的特性使得Protobuf在低代码平台上的应用更加广泛和深入。

第 4 章
Groovy

掌握Groovy动态脚本语言对于学习低代码开发平台非常有益。它不仅能增强低代码平台的功能，还能提高开发效率和质量，同时为开发者提供丰富的应用场景和资源支持。作为一个成熟的动态语言，Groovy拥有庞大的社区和丰富的资源库。这意味着开发者在学习和使用Groovy时，可以方便地获取到各种教程、示例代码、社区支持和文档等资源，这些资源对于初学者尤为重要。本章将介绍Groovy的使用方法和基础语法，帮助读者更快地掌握Groovy的语法和特性，并将它们应用于低代码平台的开发实践中。

4.1 引入Groovy脚本

在Java中，有3种使用Groovy的方法，分别是通过GroovyShell执行、通过GroovyClassLoader动态加载和通过GroovyScriptEngine脚本引擎加载。

1. 通过GroovyShell执行Groovy脚本

引入依赖：

```
<dependency>
    <groupId>org.codehaus.Groovy</groupId>
    <artifactId>Groovy</artifactId>
    <version>3.0.20</version>
</dependency>
```

直接执行脚本内容：

```
package com.alialiso.MyDemo.low_code.Groovy;
import Groovy.lang.GroovyShell;
```

```
/**
 * @author LIAOYUBIN1
 * @description
 * @date 2024/06/05
 */
public class GroovyTest {
    public static void main(String[] args) {
        GroovyShell();
    }
    public static void GroovyShell(){
        GroovyShell GroovyShell = new GroovyShell();
        GroovyShell.evaluate("println(\"hello word!\");");
    }
}
```

也可以直接编写脚本文件：

```
/*在resources下新建Groovy文件夹，添加GroovyShell_test.Groovy文件*/
def sayHello(){
    println("GroovyShell_test:hello word!")
}
sayHello();
```

执行脚本文件：

```
public static void GroovyClassLoader() {
    String fileUrl = "E:\\liaoyubin\\java\\project\\MyDemo\\src\\main\\
resources\\Groovy\\GroovyClassLoader_test.Groovy";
    File GroovyFile = new File(fileUrl);
    GroovyClassLoader classLoader = new GroovyClassLoader();
    try {
        Class GroovyClass = classLoader.parseClass(GroovyFile);
        GroovyObject GroovyObject = (GroovyObject) GroovyClass.newInstance();
        // 调用脚本，同时传入参数
        Object result = GroovyObject.invokeMethod("method", new int[]{5, 3});
        System.out.println("GroovyClassLoader:"+result);
    } catch (InstantiationException e) {
        e.printStackTrace();
    } catch (IllegalAccessException e) {
        e.printStackTrace();
    } catch (IOException e) {
        throw new RuntimeException(e);
    }
}
```

2. 通过GroovyClassLoader动态加载Groovy class文件

添加脚本文件：

```
/*在resources下新建Groovy文件夹，添加GroovyClassLoader_test.Groovy文件*/
def methed(int[] arr){
    return arr[0]+arr[1];
}
```

执行脚本文件：

```
public static void GroovyClassLoader() {
    String fileUrl = "E:\\liaoyubin\\java\\project\\MyDemo\\src\\main\\
resources\\Groovy\\GroovyClassLoader_test.Groovy";
    File GroovyFile = new File(fileUrl);
    GroovyClassLoader classLoader = new GroovyClassLoader();
    try {
        Class GroovyClass = classLoader.parseClass(GroovyFile);
        GroovyObject GroovyObject = (GroovyObject) GroovyClass.newInstance();
        // 调用脚本，同时传入参数
        Object result = GroovyObject.invokeMethod("methed", new int[]{5, 3});
        System.out.println("GroovyClassLoader:"+result);
    } catch (InstantiationException e) {
        e.printStackTrace();
    } catch (IllegalAccessException e) {
        e.printStackTrace();
    } catch (IOException e) {
        throw new RuntimeException(e);
    }
}
```

3. 通过GroovyScriptEngine脚本引擎加载Groovy脚本

添加脚本文件1：

```
/*在resources下新建Groovy文件夹，添加GroovyScriptEngine_test1.Groovy文件*/
def methed(int a,int b){
    return a+b;
}
methed(a,b)
```

添加脚本文件2：

```
/*在resources下新建Groovy文件夹，添加GroovyScriptEngine_test2.Groovy文件*/
def methed(int a,int b){
    return a-b;
}
methed(a,b)
```

执行脚本文件：

```
public static void GroovyScriptEngine(){
    try {
        // GroovyScriptEngine的存放目录
        String fileUrl = "E:\\liaoyubin\\java\\project\\MyDemo\\src\\
main\\resources\\Groovy";
        GroovyScriptEngine engine = new GroovyScriptEngine(fileUrl);
        // 绑定入参
        Binding binding = new Binding();
        binding.setVariable("a", 9);
        binding.setVariable("b",2);
        // 执行第一个脚本文件
        Object result1 = engine.run("GroovyScriptEngine_test1.Groovy", binding);
        System.out.println("GroovyScriptEngine.result1:"+result1);
        // 执行第二个脚本文件
        Object result2 = engine.run("GroovyScriptEngine_test2.Groovy", binding);
        System.out.println("GroovyScriptEngine.result2:"+result2);
    }catch (IOException e){
        e.printStackTrace();
    } catch (ScriptException e) {
        throw new RuntimeException(e);
    } catch (ResourceException e) {
        throw new RuntimeException(e);
    }
}
```

执行结果如下：

```
GroovyShell_test:hello word!
GroovyClassLoader:8
GroovyScriptEngine.result1:11
GroovyScriptEngine.result2:7
```

4.2 基本语法

1. 注释

Groovy中的注释：

- 单行注释："//"。
- 多行注释：以"/*"开始，并以"*/"结束。

```
// 单行注释
/*
多行注释
多行注释
*/
```

2. 定义变量

在Groovy中，使用def关键字来定义变量，且无须指定变量的类型，默认访问修饰符是public。在Groovy中，没有基本数据类型，只有对象类型。表面上我们定义基本的数据类型，但实际上会进行装箱处理。示例如下：

```
// 装箱处理
// 定义整数类型变量
def n = 2
println(n.class) //class java.lang.Integer
// 定义浮点数类型变量
def f = 8.88
println(f.class) //class java.math.BigDecimal
// 定义字符串类型变量
def s = "66"
println(s.class)//class java.lang.String
// 字符串其他定义方式
def s1 = '字符串1';
def s2 = "字符串2";
// 可以保留文本的换行和缩进格式
def s3 = '''字符串3''';
println(s1)
println(s2)
println(s3)
// list操作
def list = [1, 2, 3, 4]
println(list)
// map操作
def map=[
    "a":1,
    "b":6.66,
    "c":"C"
]
println(map)
println(map.get("a"))
println(map.containsValue("C"))
// 字符串常见方法同java的java.lang.String
// 示例
println(s3.length())
```

3. 方法定义

```
// 方法
// 无参方法
def methodName(){
   // Method code
}
// 有参方法
def methodName(parameter1, parameter2, parameter3=0){
   // Method code goes here
   return parameter3;
}
```

4. 条件语句

```
// 条件语句
// if-else结构
def time= 6
if(time<2){
   println("用时最少")
}else if(time>2 && time<4){
   println("用时较少")
}else {
   println("用时最多")
}
```

5. 循环

```
// 循环语句
for(def i=0;i<=10;i++){
   println("for循环语句1:"+i)
}
// 生成1~10的数据并遍历
for(i in 1..10){
   println("for循环语句2:"+i)
}
for(i in [1,2,3,4,5]){
   println("for循环语句3:"+i)
}
def num = 0
   while (num>0){
   println("while循环语句:"+i)
   num++;
}
```

6. switch语句

```
// switch语句
def item = 2;
switch (item) {
    case 1:
        println("item为1")
        break
    case 2:
        println("item为2")
        break
    default:
        println("item不在上述case里")
}
```

7. 引用

```
// import引入
import java.math.BigDecimal
```

8. 异常捕捉

```
// trycatch
try {
    throw new Exception("错误信息");
} catch ( e ) {
    println(e.getMessage())
} finally {
    println("finally")
}
```

第 5 章

FreeMarker模板引擎

FreeMarker模板引擎在后续章节中将被频繁使用，本章将单独介绍FreeMarker模板引擎的使用方法，并简单讲解它的语法，帮助读者更好地理解模板文件的内容。

5.1 加载FreeMarker

FreeMarker通过Configuration类来加载模板，它提供了3种加载模板目录的方法，分别如下：

```
public void setClassForTemplateLoading(Class clazz, String pathPrefix);
public void setDirectoryForTemplateLoading(File dir) throws IOException;
public void setServletContextForTemplateLoading(Object servletContext, String
path);
```

这3种方法分别基于类路径、文件系统和Servlet Context加载模板。下面我们基于第一种方法提供一个简单案例。

1. 引入依赖

首先，在Spring Boot项目中引入FreeMarker的maven依赖：

```
<dependency>
    <groupId>org.springframework.boot</groupId>
    <artifactId>spring-boot-starter-FreeMarker</artifactId>
</dependency>
```

2. 添加模板文件

在resources下新建一个template文件夹，用于统一存储FreeMarker模板文件。创建文件夹后，在该文件夹下添加模板文件FreeMarker_test.ftl，其内容如下：

```
Hello Word!
```

3. 编写测试类

接下来，我们编写一个测试类来加载template文件夹下的FreeMarker_test.ftl模板，并输出模板内容：

```
package com.alialiso.MyDemo.low_code.FreeMarker;
import com.alibaba.fastjson.JSONObject;
import FreeMarker.template.Configuration;
import FreeMarker.template.Template;
import java.io.StringWriter;
/**
 * @author LIAOYUBIN
 * @description FreeMarker模板编码测试类
 * @date 2024/06/01
 */
public class FreeMarkerTest {
    public static void main(String[] args) {
        JSONObject body = new JSONObject();
        try (StringWriter out = new StringWriter()) {
            Configuration cfg = new Configuration();
            cfg.setClassForTemplateLoading(FreeMarkerTest.class, "/template");
            Template template = cfg.getTemplate("FreeMarker_test.ftl");
            template.process(body, out);
            System.out.println(out.toString());
        }catch (Exception e){
            e.printStackTrace();
        }
    }
}
```

4. 执行main方法

执行测试方法后，可以打印出模板的内容：

```
Hello Word!
```

5.2 基本语法讲解

5.2.1 注释

FreeMarker模板的注释相对简单，使用“<#--”和“-->”来包围注释内容，示例如下：

```
<#--这是注释内容-->
```

5.2.2　数据类型处理

1. 字符串处理

字符串处理的常见方法如表5-1所示。

表 5-1　字符串处理的常见方法

方　法	作　用
?length	获取字符串长度
?index_of("xx")	获取指定字符的索引
?substring(start,end)	截取字符串（左闭右开）
?replace("xx","xx")	替换指定字符串
?trim	去除字符串前后的空格
?starts_with("xx")?string	是否以指定字符开头（返回boolean类型）
?ends_with("xx")?string	是否以指定字符结尾（返回boolean类型）
?uncap_first	首字母小写输出
?cap_first	首字母大写输出
?lower_case	字母转小写输出
?upper_case	字母转大写输出

示例演示：

```
${"Hello Word!"?length}          // 11
${"Hello Word!"?substring(0,3)}  // Hel
${"Hello Word!"?replace("Hello","Hi")}    // Hi Word!
${"Hello Word!"?index_of("W")}   // 6
```

2. 数值处理

数值的运用需要注意，FreeMarker中的浮点数只支持小数点后3位，超过3位会进行四舍五入。如果业务需要存储金额，建议按分单位存储，避免使用浮点数；如遇特殊情况，使用元为单位时，切记不能超过千分位。如果超过千分位，则需要在传入FreeMarker前将数据转换成字符串。示例如下：

```
<#--打印整数: 12,345,678-->
${12345678}
<#--浮点数只支持小数点后3位，超过3位会进行四舍五入-->
${1000.6666}
<#--转换成字符串，如果是负数需要加括号-->
${(-1000.05)?string}
<#--打印结果是千分位的数据: 123,456,789.123，注意精度损失-->
${123456789.12345}
<#-- 将数值转换成货币类型的字符串输出 -->
```

```
${88.87?string.currency}
<#-- 将数值转换成百分比类型的字符串输出 -->
${0.05?string.percent}
<#-- 将浮点型数值保留指定小数位输出 （##表示保留两位小数） -->
${0.45723123?string["0.##"]}
```

3. 日期处理

日期的常见用法如表5-2所示。

表 5-2 日期的用法

方 法	作 用
?date	年月日
?time	时分秒
?datetime	年月日时分秒
?string("自定义格式")	指定格式

示例如下：

```
<#-- 输出日期格式 -->
${createDate?date} <br>
<#-- 输出时间格式 -->
${createDate?time} <br>
<#-- 输出日期时间格式 -->
${createDate?datetime} <br>
<#-- 输出格式化日期格式 -->
${createDate?string("yyyy年MM月dd日 HH时mm分ss秒")}
```

4. 布尔类型

在FreeMarker中，布尔类型不能直接输出；如果需要输出，必须先转换为字符串。示例如下：

```
${flag?c}<br>
${flag?string}<br>
${flag?string("yes","no")}
```

5.2.3 流程处理

1. 循环语句

```
<#list arrs as item>
${item}
<#else>
集合是空的
</#list>
```

2. 条件语句

```
<#if name??>
...
<#elseif condition2>
...
<#else>
...
</#if>
// exists用作逻辑判断，返回true或false
<#if name?exists>
${name}
</#if>
// if_exists用于输出时，如果存在则输出，否则输出空字符串
${name?if_exists}
```

5.2.4 其他实现

1. 判空操作

FreeMarker中的变量必须赋值，否则会抛出异常。对于FreeMarker而言，null值和不存在的变量是完全一样的，因为FreeMarker无法理解null值。示例如下：

```
<#-- 如果值不存在，直接输出会报错 -->
<#--${str}-->
<#-- 使用!，当值不存在时，默认显示空字符串 -->
${str!}
<#-- 使用!"xx"，当值不存在时，默认显示指定字符串 -->
${str!"这是一个默认值"}
<#-- 使用??，判断字符串是否为空，返回布尔类型。如果想要输出，需要将布尔类型转换成字符串 -->
${(str??)?string}
```

2. 默认值操作

默认操作的示例如下：

```
${message!"如果message为空会输出这句话"}
<#assign message="这是默认值">
${message!"如果message为空会输出这句话"}
```

第 6 章 常见场景的解决方案

本章将介绍在低代码平台中几个常见场景的解决方案，包括低代码平台中流行的触发器设计、如何在项目中利用消息队列处理消息以及低代码平台中字段的生成。

6.1 触 发 器

6.1.1 什么是触发器

在低代码平台中，触发器（Triggers）是自动化流程、响应事件或执行特定操作的关键组件。触发器可以根据不同的条件、事件或用户交互来启动，通常在某个事件发生时自动执行一系列操作。这些事件通常与特定的表或视图相关，例如，当对该表或视图进行插入、更新或删除等操作时，触发器就会被激活。触发器的主要作用包括：强制数据库间的引用完整性、级联修改数据库中所有相关的表、自动触发与之相关的其他操作、跟踪数据变化、撤销或回滚非法操作、防止非法修改数据、返回自定义的错误消息等。

6.1.2 触发器的有作用

在低代码平台中，触发器通常与自动化操作、通知、数据更新或其他业务逻辑相结合，以实现复杂的业务流程和自动化任务。用户可以通过简单的图形界面或拖放工具来配置这些触发器，而无须编写复杂的代码。触发器在低代码平台的应用中非常常见，下面举几个例子。

（1）任务活动系统：设定用户消费达到指定金额时，自动给用户发放奖励。

（2）会员权益系统：每当用户账户余额每消费1元，会员成长值增加1点，积分也增加1分。

（3）订单系统：当订单收到微信或支付宝等渠道支付成功的通知后，将订单状态修改为已支付。

6.1.3　有哪些触发器

1. 时间触发器

- 定时触发器：根据预定的时间间隔（如每天、每周、每月）来触发操作。
- 日期触发器：在特定日期或日期范围内触发操作。

2. 事件触发器

- 数据更改事件：当数据库中的记录被创建、更新或删除时触发。
- 用户交互事件：如按钮点击、表单提交、页面加载等。
- 系统事件：如文件上传完成、API调用成功或失败等。

3. 条件触发器

- 字段值变化：当某个字段的值达到或超过某个阈值时触发。
- 复杂条件判断：基于多个字段或条件的组合来触发操作。

4. 外部触发器

- Webhooks：当外部系统（如第三方API）发生特定事件时触发。
- 消息队列：如RabbitMQ、Kafka等，当有新消息到达时触发。
- 集成触发器：通过与其他应用或服务（如Slack、邮件服务、CRM等）的集成来触发操作。

5. 工作流触发器

- 流程开始触发器：启动一个新的工作流或业务流程。
- 流程步骤触发器：在工作流的特定步骤中触发操作，如审批、通知等。

6. 循环触发器

- 循环遍历触发器：用于遍历列表或集合中的每个项目，并对每个项目执行操作。

7. API触发器

- 当API调用成功或失败时，触发相应操作。
- 基于API响应数据的条件触发器。

8. 自定义触发器

- 根据用户的特定需求或业务逻辑创建的自定义触发器。

6.1.4　推荐用法

我们可以通过规则引擎、Groovy脚本、消息队列或自定义方法来实现触发器的功能。在元模型中，没有固定的表和字段，页面上展示的字段可以实时创建和扩展。因此，业务之间的关联需要依赖触发器来实现。例如，在为用户创建账户时，如果账户中包含余额和历史消费金额，我们可以为历史消费金额设置一个触发器。当业务操作导致用户余额每减少1元时，触发器将自动将历史消费金额增加1元。

在业务流程中，可能会在多个地方操作用户余额，这使得监督其他同事或业务对余额的操作变得困难，稍有不慎就可能导致数据不一致。通过将余额与触发器绑定，我们可以确保每次操作余额时，历史余额也能自动更新，从而避免了遗漏操作历史余额的风险。

另外，需要注意的是，触发器不仅可以作用于字段，还可以作用于整个表。

6.2 消息队列

本节内容不涉及消息队列的定义或中间件的选型问题，而是专注于如何在低代码平台中利用低代码操作来实现消息队列的功能，并探讨消息队列在低代码平台中的应用场景。在项目实践中，消息队列的应用极为广泛，低代码平台同样需要实现一些异步处理的场景。接下来，我们将探讨低代码平台中消息队列的具体应用场景。

6.2.1 应用场景

1. 触发器

- 发送触发器消息：在低代码平台中，触发器常用于启动某个流程或操作。当某个事件发生时（如用户点击按钮、数据变更等），触发器可能被激活，并将相应的消息发送到消息队列中。这样，与该事件相关的后续操作或流程可以从消息队列中读取该消息，并按照预定义的逻辑进行处理。
- 接收触发器消息：除发送消息外，触发器也可以从消息队列中接收消息。例如，当某个流程或操作需要等待某个条件满足时，可以将该条件封装为一个消息并发送到消息队列中。然后，触发器可以持续监听该队列，一旦接收到满足条件的消息，就立即触发相应的操作或流程。

2. 异步处理

在低代码平台中，很多操作或任务可能需要较长时间才能完成，如数据导入、文件处理、发送邮件等。如果将这些操作同步处理，会阻塞用户的操作并降低系统的响应速度。通过使用消息队列进行异步处理，可以将这些耗时的操作放入队列中等待执行，用户可以继续进行其他操作而无须等待。当这些操作完成后，可以通过消息队列将结果返回给用户，或者触发后续操作。

3. 应用解耦

在低代码平台中，不同的应用或服务之间可能存在复杂的依赖关系。通过使用消息队列，可以将这些依赖关系转换为基于消息的松耦合关系。发送方只需要将消息发送到队列中，而不需要关心具体的接收方是谁；接收方则可以根据自身的需求从队列中获取消息并进行处理。这样可以降低系统之间的耦合度，提高系统的可扩展性和可维护性。

4. 回滚策略

在执行某些关键操作或流程时，如果出现错误或异常情况，需要进行回滚操作以恢复系统的状态。通过使用消息队列，可以将这些操作或流程的执行过程记录为一系列的消息，并按照顺序进行处理。如果出现错误或异常情况，可以根据消息队列中的记录进行反向操作（即回滚），以撤销之前已经执行的操作并恢复系统的状态。

5. 生成全链路日志

在低代码平台中，通过使用消息队列可以方便地生成全链路日志。当某个操作或流程开始时，可以将一个起始消息发送到消息队列中；在流程中的每个关键节点，都可以将相应的日志消息发送到队列中；当流程结束时，再将一个结束消息发送到队列中。这样，通过从队列中读取这些消息并按照时间顺序进行排序，就可以生成一个完整的全链路日志，用于跟踪和分析整个操作或流程的执行过程。

6. 消息广播

在低代码平台中，当某个数据或状态发生变更时（如订单状态更新、库存变化等），通常需要通知其他服务或组件进行相应的处理。通过使用消息队列进行消息广播，可以将变更信息发送到特定的主题或队列中，然后让所有关注该主题或队列的服务或组件都能接收到该消息。这样，当数据或状态发生变更时，其他服务或组件无须再对接数据源或进行复杂的代码改动，只需订阅相应的主题或队列即可。这极大地简化了系统的架构和开发流程，提高了系统的可扩展性和可维护性。

接下来将通过触发器来分析一个应用场景，方便读者快速学习。以任务活动为例，在描述的任务活动中，我们设计了3个低代码平台：一个是用于生产消费数据的订单平台，一个是用于监听消费数据并管理任务的任务平台，还有一个是用于处理奖励发放的权益平台。这些平台通过消息队列进行通信，以协同完成任务的完成度监听和奖励发放。

6.2.2　应用场景案例

1. 生产消费数据的低代码订单平台

（1）用户在订单平台上进行消费操作，如购买商品或服务。

（2）订单平台记录用户的消费金额，并为其绑定一个触发器。

（3）当用户的消费金额发生变化时（如新订单产生、订单支付成功等），触发器被激活。

（4）触发器将用户的消费金额、订单号（用于整个链路的幂等处理）以及用户信息作为消息发送到消息队列中。

2. 监听消费数据的低代码任务平台

任务平台持续监听消息队列，等待来自订单平台的消息。

（1）一旦监听到包含消费金额和订单号的消息，任务平台会查找与订单号相关联的用户及其所在的任务。

（2）查找到用户所在的任务后，任务平台会更新该用户的任务消费金额信息。

（3）用户的任务消费金额信息绑定了另一个触发器，用于判断任务是否完成。这个触发器会检查用户的总消费金额是否达到了任务设定的条件。

（4）如果满足任务完成条件（即用户消费金额达到或超过设定值），触发器会被激活，并向消息队列发送一条奖励发放的消息，包含用户信息和奖励详情。

3. 低代码权益平台

权益平台负责处理奖励发放的逻辑：

（1）持续监听消息队列，等待来自任务平台的奖励发放消息。

（2）一旦监听到奖励发放消息，权益平台会解析消息内容，获取用户信息和奖励详情。

（3）权益平台根据奖励详情为用户发放相应的奖励，如积分、优惠券、礼品等。

（4）发放奖励后，权益平台会更新用户的权益状态，并通知用户奖励已发放。

整个流程通过消息队列实现了不同平台之间的解耦和异步通信。订单平台负责生产消费数据并触发消息发送；任务平台负责监听消费数据并判断任务完成度，触发奖励发放消息；权益平台负责接收消息并处理奖励发放。这种方式提高了系统的可扩展性和可维护性，使得各个平台可以独立开发和部署，降低了系统复杂性和开发成本。

6.3 字段生成器

1. 什么是字段生成器

在低代码平台的元模型中，会动态创建大量的表和字段。对于非研发人员而言，他们通常不关心表名或字段名的具体名称及其用途。当操作人员在界面上添加新页面（即创建新表和新字段）并保存后，低代码平台需要自动为业务生成相应的表和字段，而表和字段的命名则由系统自动生成。为了避免表与表之间以及表内字段与字段之间的命名冲突，我们需要设置一套生成规则，确保命名的唯一性。

2. 常见的生成规则

在数据库表结构的设计中，字段的命名通常是一个重要环节。以下是3种常见的字段名生成规则及其考量。

1）随机生成规则

这种方法涉及自动生成表名和字段名，如table+随机id和field+随机id。

需要注意的是，自动生成的字段名不宜过长，且不建议由纯数字组成。例如，field_zbG9h_1，其中field代表字段，zbG9h是表内唯一的随机ID，最后一位可以根据需求定义其他规则，如是否唯一索引、字段类型或排序等。

这种规则简单直接，无须创建者过多关注字段命名，但缺点是运维人员在排查日志时，字段名可能不易于快速定位和识别问题。

2）基于拼音或英译的生成规则

当字段有中文名称时，可以选择将其转换为拼音（如shangpin）或英译（如goods）来生成字段名。

拼音方式虽然可能看起来不够"高级"，但易于理解。而英译方式可能需要额外的翻译转换，涉及调用外部接口，这既增加了成本，又降低了生成效率。

3）自定义与随机生成结合

市面上有些厂商采用这种结合方式。在创建字段时，允许用户自定义字段名，如果用户未定义，则按随机规则生成字段名。

对于面向研发人员的低代码平台，这种规则可能更为合适，因为它允许研发人员根据需求定义字段名，便于接口对接、日志排查以及对数据库表字段的直观理解。

然而，非研发人员可能并不关心具体的表和字段内容，因此使用前两种规则通常也能满足业务需求。

3. 选择建议

如果你的低代码平台主要面向研发人员，推荐使用自定义与随机生成结合的方式，因为这种方式提供了更大的灵活性和便利性。

如果平台面向的用户群体广泛，包括非研发人员，那么可以根据实际需求选择随机生成或基于拼音/英译的生成方式。当然，也可以考虑将拼音与随机值结合使用，以达到既易于理解又具备一定随机性的效果。

第 7 章 低代码平台架构

在前面的章节中，我们针对初级开发者详细介绍了低代码平台需要具备的基础知识，以及低代码平台常见问题的解决方案。本章将介绍低代码平台架构的相关知识，帮助读者了解低代码平台架构的能力要求、设计原则以及低代码平台中常见的设计模式。

7.1 架构要求

低代码平台的概念一直很火，但实际落地的项目较少，这导致参与过低代码设计的架构师较少，很难招聘到经验丰富的低代码平台架构师。低代码平台的架构设计能力往往决定了平台的开发难度、可拓展性、系统稳定性和后续的维护成本。此外，架构师对业务的理解也决定了平台最终面向客户时是否能真正满足需求。低代码平台架构师的成效通常可以通过3个关键指标来衡量：平台上线后研发人力成本的降低百分比、业务上线效率的提升以及系统的稳定性。

7.1.1 架构师能力要求

低代码平台要求架构师具备更高的抽象能力、解耦思想、模块化思维和架构能力。接下来，我们将详细介绍抽象能力和架构能力。

1. 抽象能力

在低代码平台中，抽象能力是指将复杂的业务逻辑、技术细节或系统组件简化为易于理解和操作的概念或模型的能力。对于架构师来说，这种能力尤为重要，因为他们需要：

- 简化复杂性：低代码平台虽然降低了开发的复杂性，但整个系统的设计和维护仍然需要处理各种复杂性问题。架构师需要能够识别并抽象出这些复杂性，以便在平台上实现更简洁、更易于管理的解决方案。

- 统一视图：在低代码环境中，不同的开发者和团队可能使用不同的工具和技术来构建应用程序。架构师需要能够提供一个统一的视图，将这些不同的元素整合在一起，形成一个完整的系统。
- 业务与技术之间的桥梁：架构师经常需要在业务和技术之间建立桥梁。他们需要理解业务需求，并将其转换为技术实现。在低代码平台中，这种转换需要更高的抽象能力，以确保所构建的应用程序既满足业务需求，又符合技术最佳实践。

2. 架构能力

在低代码平台中，架构能力是指设计、构建和维护可扩展、可维护、高性能和安全的系统的能力。对于架构师来说，这种能力包括：

- 系统设计：架构师需要能够设计出一个支持业务需求、易于扩展和维护的系统架构。在低代码平台中，这通常意味着选择合适的预构建模块、配置数据流和集成第三方服务。
- 性能优化：尽管低代码平台通常提供了优化的性能，但在某些情况下，架构师可能需要进一步优化系统的性能。这包括调整数据库配置、优化代码执行路径或实施缓存策略等。
- 安全性：在低代码平台中，安全性仍然是一个关键问题。架构师需要确保所构建的应用程序遵循最佳的安全实践，包括身份验证、授权、数据加密和防止常见的安全漏洞。
- 可扩展性和可维护性：随着业务的发展，系统可能需要不断扩展以满足新的需求。架构师需要确保所设计的系统具有足够的可扩展性，以便在未来轻松添加新功能或模块。同时，他们还需要确保系统易于维护，以便在出现问题时能够快速定位和修复。

7.1.2　低代码平台架构设计要求

在低代码平台的架构设计上，不妨参考下面4个方面的要求进行设计。

1. 前瞻设计

- 业务洞察：架构师需要深入业务场景，与业务团队紧密合作，理解业务流程、数据流转、用户行为等，以洞察业务发展的核心驱动力和潜在变化。
- 技术趋势分析：持续跟踪新技术、新工具和新方法的发展，确保低代码平台能够充分利用这些趋势，提升平台的先进性和竞争力。
- 未来需求预测：基于业务洞察和技术趋势分析，对业务未来的需求进行预测，确保低代码平台的设计能够灵活应对未来的变化。
- 可扩展性设计：在平台架构设计中充分考虑可扩展性，包括功能扩展、性能扩展、数据扩展等方面，确保平台能够随着业务的发展而不断扩展。

2. 从点切入

- 业务优先级评估：对现有的业务进行优先级评估，选择那些影响大、需求迫切且易于实现的业务作为切入点。
- 快速原型验证：针对选定的业务，快速构建低代码平台原型，验证平台的可行性和有效性。
- 逐步推广：在原型验证成功后，逐步将低代码平台推广到更多的业务场景，逐步完善平台的功能和性能。

- 用户反馈与改进：在推广过程中，收集用户反馈，不断优化平台设计和用户体验，确保平台能够满足业务团队的需求。

3. 横向兼容

- 接口标准化：制定统一的接口规范，确保低代码平台能够与其他系统无缝对接，实现数据共享和业务协同。
- 旧系统整合：分析现有旧系统的功能和数据，制定整合方案，将旧系统的功能和数据迁移到低代码平台上，实现业务平滑过渡。
- 安全性保障：在整合过程中，充分考虑安全性问题，确保数据的完整性和安全性不受影响。
- 兼容性测试：在整合完成后，进行充分的兼容性测试，确保低代码平台能够与其他系统稳定运行，满足业务需求。

4. 持续迭代

- 制定迭代计划：根据业务需求和技术发展趋势，制定低代码平台的迭代计划，明确每次迭代的目标、内容和时间表。
- 功能优化与扩展：根据迭代计划，对低代码平台的功能进行优化和扩展，提升平台的可用性和易用性。
- 性能优化：持续优化平台的性能，包括响应速度、并发处理能力等方面，确保平台能够满足业务发展的需求。
- 用户培训与支持：在迭代过程中，加强对用户的培训和支持工作，确保用户能够充分利用低代码平台的功能和优势。
- 人力投入规划：根据迭代计划的需求，合理规划人力投入，确保团队能够按时按质完成迭代任务。同时，也要关注团队成员的成长和发展，提供必要的培训和发展机会。

7.2 架构设计原则

在当今快速迭代的信息科技领域，若计划设计一个低代码平台，遵循一系列精心制定的架构设计原则至关重要。这些原则不仅能引导我们构建出高效、稳定且易于维护的平台，还能确保平台在未来的信息技术浪潮中屹立不倒。

在设计低代码平台时，我们应首先考虑平台的核心目标——简化开发流程，提高开发效率，同时确保软件的高质量和良好的用户体验。为实现这一目标，我们需要遵循以下核心架构设计原则：

（1）高度模块化与组件化：平台应提供一套完整的、可重用的组件库，这些组件应当具备高度模块化和组件化特性，以便开发者能够迅速地将它们组合起来，构建出功能丰富、性能优越的应用程序。这不仅加快了开发速度，还有助于实现应用的标准化和一致性。

（2）开放性与兼容性：优秀的低代码平台应当具备强大的开放性和兼容性，能够轻松与各种技术栈和第三方服务进行集成。这要求平台在设计时充分考虑接口的通用性和标准化，确保数据能够无障碍流通和交换。

（3）卓越的灵活性与可扩展性：随着业务需求的不断变化，平台应能够灵活适应这些变化，无论是添加新功能、集成新服务，还是调整业务流程。这要求平台具备高度的灵活性和可扩展性，以便在不破坏现有功能的前提下进行必要的修改和扩展。

（4）出色的用户体验与交互设计：对于低代码平台而言，用户体验至关重要。平台应提供直观、易用的界面和交互设计，使非技术背景的用户也能轻松上手，快速构建和定制应用程序。为此，我们需要注重交互设计和用户测试，不断优化用户体验。

（5）严格的安全性和合规性：安全性是任何软件平台都不容忽视的问题。低代码平台必须遵循严格的安全实践，包括数据加密、访问控制和审计日志等，以确保用户数据的安全性和隐私性。同时，平台还需要符合相关的行业标准和法规要求，确保合规性。

（6）卓越的性能与可伸缩性：低代码平台需要处理大量用户请求和数据交换，因此必须具备出色的性能和可伸缩性。通过采用云计算服务和高效的数据存储与缓存机制，我们能够确保平台在高负载下保持稳定性能。

（7）完善的文档与团队支持：成功的低代码平台离不开完善的文档和团队支持。平台应提供详细的API文档、教程和案例，帮助用户快速上手并解决实际问题。同时，应建立一个活跃的开发者团队，鼓励用户分享经验、交流心得，共同推动平台发展。

设计一个优秀的低代码平台需要综合考虑多个方面。通过遵循这些架构设计原则，我们可以确保平台具备强大的功能、卓越的性能和良好的用户体验，从而在激烈的市场竞争中脱颖而出。

7.3　常用的设计模式

在日常的软件开发实践中，设计模式封装了在特定情境下解决问题的通用解决方案，它们是实践经验的总结。设计模式有助于我们应对各种软件设计问题，提高代码的可复用性、可维护性和可扩展性。设计模式总共有23种经典模式，涵盖软件设计中的各种场景。然而，在低代码平台中，我们并不需要掌握所有的设计模式。

在此，我们推荐几种常用的设计模式，包括责任链模式、策略模式、工厂模式和模板方法。这些设计模式在低代码平台的开发过程中非常实用，能够帮助我们解决实际问题。

1. 责任链模式

责任链模式是一种对象行为型模式，它允许我们将多个对象串联起来，形成一条处理链来处理请求。当一个请求到来时，它会沿链传递，直到有一个对象处理它为止。这种模式适用于需要多个对象依次处理请求的情况，如审批流程的设计。在审批流程中，可以使用责任链模式将各个审批节点串联起来，形成一个审批链。请求会沿着审批链逐个节点进行审批，直到最后一个节点完成审批。

2. 策略模式

策略模式是一种行为型模式，它定义了一系列算法，并将每个算法封装起来，使它们可以互相替换。该模式的核心思想是通过组合不同的算法来灵活应对不同场景。例如，在设计一个简单的规则引擎时，可以使用策略模式。我们为不同的规则定义不同的策略，并将它们组合成一个规则引擎。这样，当需要修改或添加新的规则时，只需要修改或添加相应的策略，无须修改规则引擎的代码。

3. 工厂模式

工厂模式是一种创建型模式，主要用于创建对象，而无须指定具体的类。该模式通过定义一个接口来创建对象，子类实现这个接口以完成对象的创建。工厂模式适用于需要创建大量相似对象的情况。例如，当我们需要创建多个类型的按钮时，可以使用工厂模式。我们可以定义一个创建按钮的接口，然后为每种类型的按钮实现一个工厂类，通过调用不同的工厂类来创建不同类型的按钮。

4. 模板方法

模板方法是一种行为型模式，它定义了操作算法的骨架，将某些步骤延迟到子类中实现。该模式的核心思想是，将通用的步骤提取到模板方法中，将特有步骤由子类实现。这样，我们可以在模板方法中实现通用的逻辑，在子类中实现特有逻辑。例如，在设计排序算法时，可以使用模板方法。我们可以定义一个排序算法的模板方法，然后为每种排序算法实现一个子类，并在子类中实现每种排序算法的特有逻辑。

以上几种设计模式是低代码平台开发中常用的模式，掌握它们有助于应对各种开发场景。当然，除了这几种模式，还有其他设计模式，可以根据实际需要进行学习和掌握。

第 8 章 实战案例1：低代码管理后台

从本章开始，我们将讲解几个低代码平台案例，通过这几个案例来加深读者对前面知识的理解，提升低代码平台的设计能力，同时积累项目经验。本章将首先讲解一个生成式管理后台的案例。管理后台是对其他业务耦合度较低的系统，也是大型系统必不可少的依赖项。我们以管理后台作为切入点，有助于降低研发团队的切换成本。

低代码管理后台相较于传统的管理后台，它不仅包含管理后台界面，还包含一个生成式页面配置中心。前者是管理后台的主界面，后者用于添加管理后台页面的页面配置中心。管理后台主要由列表页、详情页、新增页、编辑页等页面组成，其中列表页应具备查询、删除等基础功能。页面配置中心则包括一个添加管理后台页面的配置页，它包括登录、组织架构、菜单添加、权限管控等组成元素。我们的生成式配置中心应该专注于页面添加功能，对于登录、组织架构和菜单管理等固定功能，不需要通过低代码平台实现，可继续沿用原有管理后台的功能。

8.1 页面配置中心设计

在页面配置中心生成管理后台页面。整个初始化流程可分为以下步骤：

（1）定义页面结构。

（2）在页面配置中心新增页面。

（3）将页面架构文件添加到平台。

（4）保存页面。

（5）初始化页面。

8.1.1 定义页面结构

在定义页面结构的过程中，通常由研发人员承担该任务，也可以是其他角色（如产品经理、测试工程师、运营人员或项目运维人员）来完成。本小节主要从研发人员的角度出发，因此要求定义页面结构的人员具备一定的基础知识储备。通过学习前面的低代码基础知识，我们已熟悉了模板引擎和数据交换格式。现在，我们可以使用模板引擎或数据交换格式来定义页面结构。

使用模板引擎适合动态生成页面结构，这样可以在不重新构建服务的情况下完成页面更新。而采用数据交换格式，则适合研发人员在定义好协议后，顺便生成页面结构。那么，为什么要选择数据交换格式来生成页面呢？

管理后台作为配置中心，在搭建管理后台页面完成后，后端需要通过调用配置接口来获取管理后台配置的数据。然后，对返回的数据通过JSON或Protobuf协议进行反序列化，转换成Java类，再进行相应的业务操作。这样，我们不需要在Java类或Protobuf协议上定义页面规则，避免了在定义完Java类后还要创建一套模板规则的额外工作。

数据交换格式前面已经讲解过了，这里我们提出一种新的实现思路：通过Java注解来定义页面结构。在3.5节中，我们通过Protobuf协议定义了一个商品管理后台页面，该页面包含商品名称、商品图片和商品类型字段，内容如下：

```
syntax = "proto3";
package configpb;
/**
* name: 商品
* listColumns: [goodsName,goodsType]
*/
message Goods {
/**
* name: 商品名称
* uniq: true
* required: true
* type: String
*/
string goodsName = 1;
/**
* name: 商品图片
* required: true
* type: Image
*/
string goodsImg = 2;
/**
* name: 商品类型
* required: true
```

```
* type: Select
* options:
*    - text: 卡
*      value: 'Card'
*    - text: 券
*      value: 'Coupon'
*/
string goodsType = 3;
}
```

在多语言开发的研发团队中，Protobuf协议应用较广泛。但是，目前国内大部分团队的后端是纯Java的，额外引入Protobuf反而会加重技术负担。在纯Java开发团队中，我们是否可以转换思路，将注释写在Java实体类上？答案是肯定的。转换后得到以下实体类：

```
package low_code;
import java.io.Serializable;
/**
* name: 商品
* listColumns: ["goodsName","goodsType"]
*/
public class Goods implements Serializable {
    /**
    * name: 商品名称
    * uniq: true
    * required: true
    * type: String
    */
    private String goodsName;
    /**
    * name: 商品图片
    * required: true
    * type: Image
    */
    private String goodsImg;
    /**
    * name: 商品类型
    * required: true
    * type: Select
    * options:
    *    - text: 卡
    *      value: 'Card'
    *    - text: 券
    *      value: 'Coupon'
    */
```

```
    private String goodsType;
    public String getGoodsName() {
        return goodsName;
    }
    public void setGoodsName(String goodsName) {
        this.goodsName = goodsName;
    }
    public String getGoodsImg() {
        return goodsImg;
    }
    public void setGoodsImg(String goodsImg) {
        this.goodsImg = goodsImg;
    }
    public String getGoodsType() {
        return goodsType;
    }
    public void setGoodsType(String goodsType) {
        this.goodsType = goodsType;
    }
}
```

同样地，我们在解析时只需获取GitLab上该代码的内容信息，便能将其解析成对应的页面结构。然而，这种方法存在一个问题，因为它依赖于字符串解析，要求注释必须严格遵循规范。对于像笔者这样粗心的人来说，难免会出现写错或漏写规则的情况，这可能导致解析失败。因此，我们进一步拓展了思路，引入了注解来规范结构的定义。

首先，创建两个注解：@TitleDoc注解和@FieldDoc注解。@TitleDoc注解用于约束页面信息，该注解下有两个属性：name（页面名称，必填）和listColumns（标注哪些字段在列表页面展示，默认为空）。注解代码如下：

```
package low_code;
import java.lang.annotation.ElementType;
import java.lang.annotation.Retention;
import java.lang.annotation.RetentionPolicy;
import java.lang.annotation.Target;
/**
 * @author LIAOYUBIN1
 * @description 定义页面主信息
 * @date 2024/05/18
 */
@Retention(RetentionPolicy.RUNTIME)
@Target(ElementType.TYPE)
public @interface TitleDoc {
    /**
```

```
     * 页面名称
     */
    String name();
    /**
     * 列表页需要展示的字段
     */
    String[] listColumns() default {};
}
```

约束完页面信息后，还需要约束页面字段。我们接着新建一个@FieldDoc注解，用于约束页面字段。在这个注解中，我们定义了一些字段的基础属性，包含字段名称（name）、字段类型（type）、是否为必填项（required）以及字段类型的枚举（public enum Type）。

- 字段名称用于在页面展示时为字段命名，为必填项。
- 字段类型用于约束前端该字段应以什么样式展示（例如：下拉列表、图片输入框等），同时也约束前端传入的值的类型，默认该值为字符串类型。
- 是否必填项就是前端是否限制用户必填该值，默认为非必填。
- Type枚举类则是字段类型的枚举，我们简单枚举了一些字段类型，包括数值、字符串、图片、视频、下拉列表、日期、日期时间、单选框、复选框和富文本。根据实际应用需求，可根据前端需要额外增加枚举。

另外，除基础属性外，注解还增加了扩展属性，例如下拉列表值、下拉列表获取地址、单选框、复选框等。这些属性主要用于补充字段的描述。例如，当我们设置该字段的基础属性为下拉列表时，就可以在Java类中通过注解的options属性提前定义该字段有哪些下拉选项。如果列表值是通过接口获取的，则可以将接口地址配置到optionUrl属性中。注解的代码如下：

```
package low_code;
import java.lang.annotation.ElementType;
import java.lang.annotation.Retention;
import java.lang.annotation.RetentionPolicy;
import java.lang.annotation.Target;
/**
 * @author LIAOYUBIN1
 * @description 定义页面字段信息
 * @date 2024/05/18
 */
@Retention(RetentionPolicy.RUNTIME)
@Target(ElementType.FIELD)
public @interface FieldDoc {
    /**
     * 字段名称
     */
    String name();
```

```
    /**
     * 字段类型
     */
    Type type() default Type.STRING;
    /**
     * 必填项
     */
    boolean required() default false;
    /**
     * 唯一值
     */
    boolean uniq() default false;
    /**
     * 下拉列表值
     */
    String[] options() default {};
    /**
     * 下拉列表获取地址
     */
    String optionUrl() default "";
    /**
     * 单选框
     */
    String[] radios() default {};
    /**
     * 复选框
     */
    String[] checkBoxs() default {};
    public enum Type {
        NUM,
        STRING,
        IMAGE,
        VIDEO,
        SELECT,
        DATE,
        DATETIME,
        RADIOS,
        CHECKBOX,
        RICHTEXT,
        ;
    }
}
```

接下来，我们创建一个Goods商品对象。首先，将商品名称字段设置为唯一值，以避免重复创建同名商品；在商品类型字段的下拉列表中，添加“卡”和“券”两个选项；设置管理后台列表页面能够展示商品名称和商品类型两列。最后，使用以上两个注解给Java对象添加注解，示例代码如下：

```
package low_code;
import java.io.Serializable;
import static low_code.FieldDoc.Type.*;
@TitleDoc(name = "商品",listColumns = {"goodsName","goodsType"})
public class Goods implements Serializable {

    @FieldDoc(name = "商品名称",required = true,uniq = true,type = STRING)
    private String goodsName;

    @FieldDoc(name = "商品图片",required = true,type = IMAGE)
    private String goodsImg;

    @FieldDoc(name = "商品类型",required = true,type = SELECT,options = {"Card:
卡","Coupon:券"})

    private String goodsType;

    public String getGoodsName() {
        return goodsName;
    }
    public void setGoodsName(String goodsName) {
        this.goodsName = goodsName;
    }
    public String getGoodsImg() {
        return goodsImg;
    }
    public void setGoodsImg(String goodsImg) {
        this.goodsImg = goodsImg;
    }
    public String getGoodsType() {
        return goodsType;
    }
    public void setGoodsType(String goodsType) {
        this.goodsType = goodsType;
    }
}
```

通过注解完成了对商品页面的约束，这样做是不是让代码瞬间简洁了许多？

接下来，我们需要约定前端和后端对页面和页面上每个字段进行渲染时的规则，这里称为页面描述模型。页面描述模型的作用是，后端将我们定义好的页面和字段约束，按照前端约定的格式转换成JSON规则表达式，前端获取到该规则后，能够清楚地知道该页面是什么页面，以及页面内每个字段对应的展示效果（如字符串输入框、图片上传框、下拉列表框等），然后根据这些规则渲染成管理后台页面。

在此，我们首先创建两个对象：分别为页面描述对象Model和字段描述对象ModelItem。Model对象定义了页面展示标题tag、列表页面展示列listColumns和页面字段内容列表items，与@TitleDoc注解类似，但多了页面字段内容列表items。

```
package low_code;
import java.util.List;
/**
 * @author LIAOYUBIN1
 * @description 页面模型
 * @date 2024/05/18
 */
public class Model {
    private String tag;
    private String[] listColumns;
    private List<ModelItem> items;
    public String getTag() {
        return tag;
    }
    public void setTag(String tag) {
        this.tag = tag;
    }
    public String[] getListColumns() {
        return listColumns;
    }
    public void setListColumns(String[] listColumns) {
        this.listColumns = listColumns;
    }
    public List<ModelItem> getItems() {
        return items;
    }
    public void setItems(List<ModelItem> items) {
        this.items = items;
    }
}
```

ModelItem对象约定了对前端展示的页面结构，类似于@FieldDoc注解。示例代码如下：

```
package low_code;
import java.util.Map;
/**
 * @author LIAOYUBIN1
 * @description 字段模型
```

```
 * @date 2024/05/18
 */
public class ModelItem{
    private String field;
    private String describe;
    private String type;
    private boolean required;
    private boolean uniq;
    private String optionUrl;
    private Map<String,String> options;
    private Map<String,String> radios;
    private Map<String,String> checkBoxs;

    public String getField() {
        return field;
    }
    public void setField(String field) {
        this.field = field;
    }
    public String getDescribe() {
        return describe;
    }
    public void setDescribe(String describe) {
        this.describe = describe;
    }
    public String getType() {
        return type;
    }
    public void setType(String type) {
        this.type = type;
    }
    public boolean isRequired() {
        return required;
    }
    public void setRequired(boolean required) {
        this.required = required;
    }
    public boolean isUniq() {
        return uniq;
    }
    public void setUniq(boolean uniq) {
        this.uniq = uniq;
    }
    public String getOptionUrl() {
```

```
            return optionUrl;
        }
        public void setOptionUrl(String optionUrl) {
            this.optionUrl = optionUrl;
        }
        public Map<String, String> getOptions() {
            return options;
        }
        public void setOptions(Map<String, String> options) {
            this.options = options;
        }
        public Map<String, String> getRadios() {
            return radios;
        }
        public void setRadios(Map<String, String> radios) {
            this.radios = radios;
        }
        public Map<String, String> getCheckBoxs() {
            return checkBoxs;
        }
        public void setCheckBoxs(Map<String, String> checkBoxs) {
            this.checkBoxs = checkBoxs;
        }
}
```

最后，我们编写一个工具类，将已添加注解的Goods实体类转换为JSON格式的页面描述模型，代码如下：

```
package low_code;
import com.alibaba.fastjson.JSONObject;
import org.apache.commons.lang3.StringUtils;
import java.lang.reflect.Field;
import java.util.HashMap;
import java.util.LinkedList;
import java.util.List;
import java.util.Map;
/**
 * @author LIAOYUBIN1
 * @description
 * @date 2024/05/18
 */
public class PageGeneratorUtil {
    public static void main(String[] args) {
        try {
            // 对实体类进行反序列化
```

```
Class<?> clazz = Class.forName("low_code.Goods");
Model model = new Model();
// 获取实体类@TitleDoc注解
TitleDoc titleDoc = clazz.getAnnotation(TitleDoc.class);
// 必须有@TitleDoc注解
if (titleDoc == null){
    throw new RuntimeException("未找到 @TitleDoc 注解");
}
// 通过注解获取到页面约束
model.setTag(titleDoc.name());
model.setListColumns(titleDoc.listColumns());
List<ModelItem> items = new LinkedList<>();
// 获取实体类所有字段
for (Field field : clazz.getDeclaredFields()) {
    // 获取字段标注的@FieldDoc注解
    FieldDoc fieldDoc = field.getAnnotation(FieldDoc.class);
    // 没有@TitleDoc注解的字段不在页面上展示
    if (fieldDoc == null) {
        continue;
    }
    // 获取注解定义的字段信息
    ModelItem modelItem = new ModelItem();
    modelItem.setField(field.getName());
    modelItem.setType(fieldDoc.type().name());
    modelItem.setDescribe(fieldDoc.name());
    modelItem.setRequired(fieldDoc.required());
    modelItem.setUniq(fieldDoc.uniq());
    modelItem.setOptionUrl(fieldDoc.optionUrl());
    // 对下拉列表属性进行约束: optionUrl和options属性必须二选一
    if (FieldDoc.Type.SELECT.equals(fieldDoc.type())){
        // 配置了将options属性: {"Card:卡","Coupon:券"}设置到pageItem的
options
        if (fieldDoc.options().length > 0){
            Map<String, String> optionsMap = new HashMap<>();
            for (String option : fieldDoc.options()) {
                String[] split = option.split(":");
                if (split.length < 2){
                    throw new RuntimeException("@TitleDoc注解options属性
使用错误: "+option);
                }
                optionsMap.put(split[0],split[1]);
            }
            modelItem.setOptions(optionsMap);
        }else if (StringUtils.isBlank(fieldDoc.optionUrl())){
```

```
                    throw new RuntimeException("@TitleDoc注解尚未定义列表属性:
optionUrl or options");
                }
            }
            // 对单选框属性进行约束
            if (FieldDoc.Type.RADIOS.equals(fieldDoc.type())){
                if (fieldDoc.radios().length == 0){
                    throw new RuntimeException("@TitleDoc注解未配置radios属性");
                }
                Map<String, String> radiosMap = new HashMap<>();
                for (String radio : fieldDoc.radios()) {
                    String[] split = radio.split(":");
                    if (split.length < 2){
                        throw new RuntimeException("@TitleDoc注解radios属性使用错
误: "+radio);
                    }
                    radiosMap.put(split[0], split[1]);
                }
                modelItem.setRadios(radiosMap);
            }
            // 对复选框属性进行约束
            if (FieldDoc.Type.CHECKBOX.equals(fieldDoc.type())){
                if (fieldDoc.checkBoxs().length == 0){
                    throw new RuntimeException("@TitleDoc注解未配置checkBoxs属性");
                }
                Map<String, String> checkBoxsMap = new HashMap<>();
                for (String checkBox : fieldDoc.checkBoxs()) {
                    String[] split = checkBox.split(":");
                    if (split.length < 2){
                        throw new RuntimeException("@TitleDoc注解checkBoxs属性使
用错误: "+checkBox);
                    }
                    checkBoxsMap.put(split[0], split[1]);
                }
                modelItem.setCheckBoxs(checkBoxsMap);
            }
            items.add(modelItem);
        }
        model.setItems(items);
        System.out.println(JSONObject.toJSONString(model));
    } catch (Exception e) {
        e.printStackTrace();
    }
  }
}
```

执行main函数，检查打印完成的页面描述模型数据：

```
{
    "tag": "商品",
    "listColumns": [
        "goodsName",
        "goodsType"
    ],
    "item": [
        {
            "describe": "商品名称",
            "field": "goodsName",
            "optionUrl": "",
            "required": true,
            "type": "STRING",
            "uniq": true
        },
        {
            "describe": "商品图片",
            "field": "goodsImg",
            "optionUrl": "",
            "required": true,
            "type": "IMAGE",
            "uniq": false
        },
        {
            "describe": "商品类型",
            "field": "goodsType",
            "optionUrl": "",
            "options": {
                "Coupon": "券",
                "Card": "卡"
            },
            "required": true,
            "type": "SELECT",
            "uniq": false
        }
    ]
}
```

为了方便理解，下面给出各个对象的关联关系图，如图8-1所示。

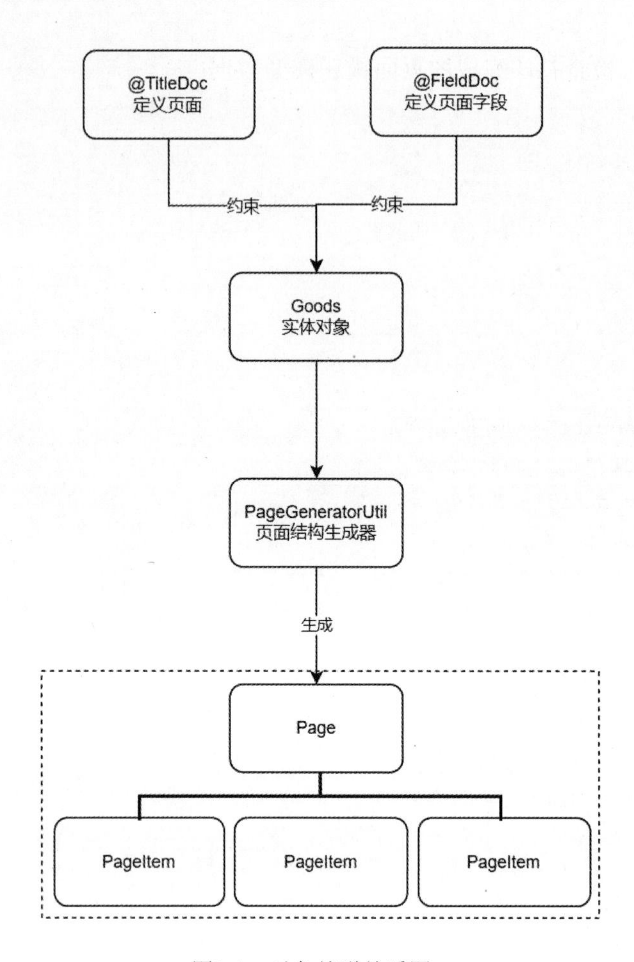

图8-1　对象关联关系图

8.1.2　在配置中心添加页面信息

通过前面的操作，我们已经生成了页面描述模型，接下来需要做的是将页面描述模型添加到配置中心的配置页面中，以使新增的页面能够加载到管理后台进行展示。

首先，切换到页面配置中心。页面配置中心只有一个添加管理后台页面的“添加页面”，我们直接打开该页面。该页面通常需要设置哪些内容呢？如图8-2所示，主要包含以下几项：

- 命名空间：为页面定义唯一的名称，通常使用类名。
- 索引列表：定义该页面在创建表时的索引项。
- 所属菜单：设置该页面所处的菜单列表位置。
- 文本类型：指定结构模型使用的结构。
- 结构模型：将页面描述模型粘贴在此文本框内。
- 权限配置：设置哪些用户可以查看该页面。

对于填充的配置页面信息，所属菜单、权限配置和结构模型等设置比较好理解，但命名空间和索引列表的具体作用需要简单说明一下。命名空间用于在前后端需要拉取管理后台数据时进行数据标识，用以标明前后端查询的是哪个页面的数据。请注意，这个命名空间必须是唯一的。例如，我们提供了一个统一的接口供前后端使用，通过该接口拉取管理后台配置信息。请求的URL为：

```
https://www.gogolang.cn/configOA/
```

添加页面

命名空间　goods

索引列表　goodsName

所属菜单　首页

文本类型　JSON模型

结构模型

```
{
    "tag": "商品",
    "listColumns": [
        "goodsName",
        "goodsType"
    ],
    "item": [
        {
            "describe": "商品名称",
            "field": "goodsName",
            "optionUrl": "",
            "required": true,
            "type": "STRING",
```

权限配置　张三;李四

保存

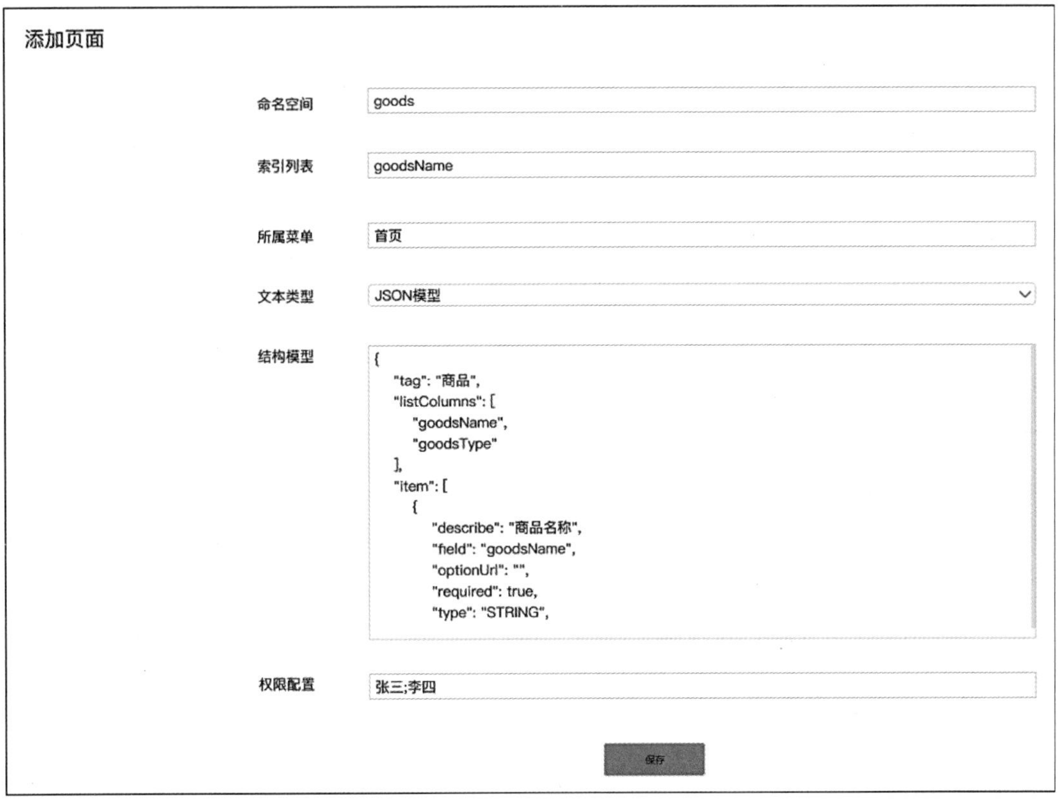

图8-2　添加管理后台配置页面

根据我们定义的商品命名空间goods，如果后端需要拉取所有商品的信息，只需要在请求该接口时携带命名空间，即可拉取管理后台所有的商品配置信息，请求URL如下：

```
https://www.gogolang.cn/configOA/namespace=goods
```

通过请求URL返回管理后台配置的所有商品信息。如果我们的需求只是获取其中某条商品配置信息，该怎么办呢？此时就需要使用索引项。例如，如果只需要获取名为iPhone的商品配置，只需把商品名称goodsName添加到索引项中，即可通过URL获取到商品列表中商品名称为iPhone的商品，此时请求的URL如下：

```
https://www.gogolang.cn/configOA/namespace=goods&goodsName=iphone
```

8.1.3　将页面描述模型添加到平台上

了解完配置页的结构后，我们将页面菜单、权限、索引等信息填写完整，最后将生成的页面描述模型添加到页面中。这里补充说明一点：添加页面结构的方式有多种选择，既可以添加GitLab地址，也可以将结构交换协议粘贴到文本框中。

1. 添加GitLab地址

这种方式是将标记了页面结构注释的Protobuf协议或Java对象所在的GitLab地址复制并粘贴到文本框中。保存后，系统会拉取文件内容，然后实时解析Protobuf协议或GitLab对象的注释，最后生成JSON格式的页面描述模型。

2. 复制交换协议

这种方式是将标记了页面结构注释的Protobuf协议或Java对象内容，复制并粘贴到文本框中。保存后，系统会实时解析Protobuf协议或Java对象的注释，最后生成JSON格式的页面描述模型。

以上两种方法都可以使用，但笔者推荐直接粘贴已生成的页面描述模型。值得一提的是，笔者之前的企业使用了GitLab的钩子函数，如图8-3所示。每次提交代码到指定分支时，会触发钩子函数；钩子函数调用工具会扫描代码中带有@TitleDoc注解的实体类，生成页面描述模型并推送到指定环境；最后，暴露一个全限定类名给页面；管理员可以在配置页面通过下拉菜单选择该全限定类名进行页面关联。这样的设计可以能够减少研发的操作步骤，降低后续维护的成本，但也会增加前期的整体开发量。

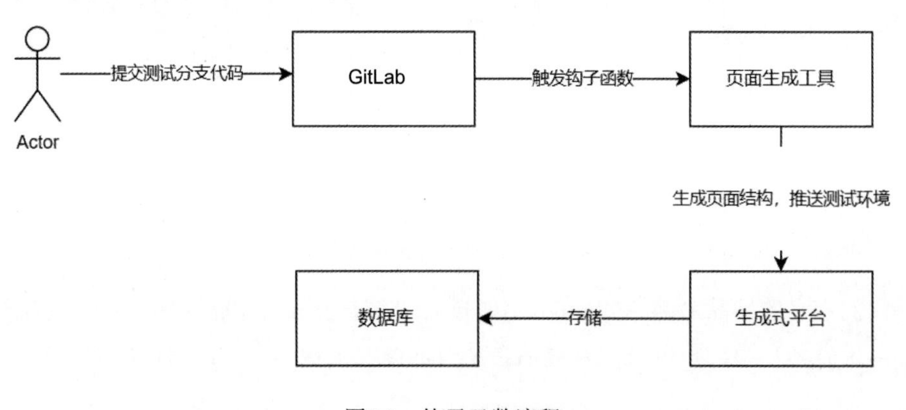

图8-3 钩子函数流程

8.1.4 保存配置页面

当我们配置完页面内容后，单击“保存”按钮。此时，前端将页面内容传递给后端，后端需要执行以下操作：

（1）对创建者的权限进行鉴权。依托平台设置的权限机制，进行创建页面的权限鉴权，判断用户是否具有创建页面的权限。

（2）对请求体的内容进行校验。这里主要校验以下内容：

- 命名空间是否唯一：命名空间用于获取该页面的配置信息，创建表时定义表名、获取页面结构等，必须保证唯一性。
- 页面结构是否有效：确保能够反序列化成约定的对象。
- 关键字段是否为空：如字段名称、字段展示描述、字段类型等。
- 索引项对应的字段是否包含在字段列表中。

（3）保存配置页面信息。将配置页面填写的信息保存到数据库中，并建议将副本存储在缓存中，以加速加载管理后台页面信息。

接下来，展示一个示例。

首先，创建一个PageInfo对象，用于定义配置页面信息。该对象包含归属菜单、命名空间、索引、权限和模型数据字段。

```
package low_code;
import java.io.Serializable;
import java.util.List;
/**
 * @author LIAOYUBIN1
 * @description 页面信息
 * @date 2024/05/18
 */
public class PageInfo implements Serializable {
    /**
     * 归属菜单
     */
    private String treeId;
    /**
     * 命名空间
     */
    private String nameSpace;
    /**
     * 索引
     */
    private List<String> keyList;
    /**
     * 权限
     */
    private List<String> ldapList;
    /**
     * 模型数据
     */
    private Model data;
    public String getTreeId() {
```

```
        return treeId;
    }
    public void setTreeId(String treeId) {
        this.treeId = treeId;
    }
    public String getNameSpace() {
        return nameSpace;
    }
    public void setNameSpace(String nameSpace) {
        this.nameSpace = nameSpace;
    }
    public List<String> getKeyList() {
        return keyList;
    }
    public void setKeyList(List<String> keyList) {
        this.keyList = keyList;
    }
    public List<String> getLdapList() {
        return ldapList;
    }
    public void setLdapList(List<String> ldapList) {
        this.ldapList = ldapList;
    }
    public Model getData() {
        return data;
    }
    public void setData(Model data) {
        this.data = data;
    }
}
```

接下来，将编写一段逻辑伪代码，用以保存配置页面信息，模拟前端向后端发送请求以插入页面配置的过程。示例代码如下：

```
package low_code;
import com.google.common.collect.Lists;
import java.util.Arrays;
import java.util.Collection;
import java.util.LinkedList;
import java.util.List;
/**
 * @author LIAOYUBIN1
 * @description 保存页面信息逻辑
 * @date 2024/05/18
```

```
 */
public class PageInfoTest {
    public static void main(String[] args) {
        // 模拟页面信息数据
        PageInfo pageInfo = new PageInfo();
        pageInfo.setTreeId("1");
        pageInfo.setNameSpace("goods");
        pageInfo.setKeyList(Arrays.asList("goodsName"));
        pageInfo.setLdapList(Arrays.asList("张三", "李四"));
        // 模拟模型数据
        Model model = new Model();
        model.setTag("商品");
        model.setListColumns(new String[]{"goodsName"});
        List<ModelItem> modelItems = Lists.newLinkedList();
        // 模拟字段数据：此处省略
        ModelItem goodsName = new ModelItem();
        goodsName.setField("goodsName");
        goodsName.setDescribe("商品名称");
        goodsName.setType(FieldDoc.Type.STRING.name());
        goodsName.setRequired(true);
        goodsName.setUniq(true);
        modelItems.add(goodsName);
        ModelItem goodsType = new ModelItem();
        goodsType.setField("goodsType");
        goodsType.setDescribe("商品名称");
        goodsType.setType(FieldDoc.Type.NUM.name());
        goodsType.setRequired(false);
        goodsType.setUniq(false);
        goodsType.setOptions(null);
        modelItems.add(goodsType);
        model.setItems(modelItems);
        pageInfo.setData(model);
        // 保存页面
        savePageInfo(pageInfo);
    }
    private static void savePageInfo(PageInfo pageInfo) {
        // 检验创建者是否有创建权限
        if (!checkCanCreatePage()) {
            throw new RuntimeException("没有权限");
        }
        // 校验命名空间是否唯一
        if (!checkNameSpace(pageInfo.getNameSpace())) {
            throw new RuntimeException("命名空间重复");
        }
```

```
        // 校验模型数据是否合规：是否有字段名称，是否有描述
        if (!checkModelData(pageInfo.getData())) {
            throw new RuntimeException("数据页面有误");
        }
        // 校验模型数据是否合规：是否有字段名称，是否有描述
        if (!checkKeyList(pageInfo.getKeyList(),pageInfo.getData().getItems())) {
            throw new RuntimeException("索引项配置有误");
        }
        // 数据落库
        insert(pageInfo);
        // 进行缓存
        saveCache(pageInfo);
    }
    private static boolean checkCanCreatePage() {
        // TODO 检验创建者是否有创建权限
        return true;
    }
    private static boolean checkNameSpace(String nameSpace) {
        // TODO 校验命名空间是否唯一
        return true;
    }
    private static boolean checkModelData(Model data) {
        // TODO 校验模型数据是否合规：是否有字段名称，是否有描述
        return true;
    }
    private static void insert(PageInfo pageInfo) {
        // TODO 数据落库
        System.out.println("成功插入数据库");
    }
    private static void saveCache(PageInfo pageInfo) {
        // TODO 进行缓存
        System.out.println("成功保存到缓存");
    }
    private static boolean checkKeyList(List<String> keyList,List<ModelItem>
modelItems) {
        // TODO 校验模型数据是否合规：是否有字段名称，是否有描述
        return true;
    }
}
```

8.1.5 初始化页面

配置完页面内容后，我们还要进行几步操作才能初始化页面，如图8-4所示。

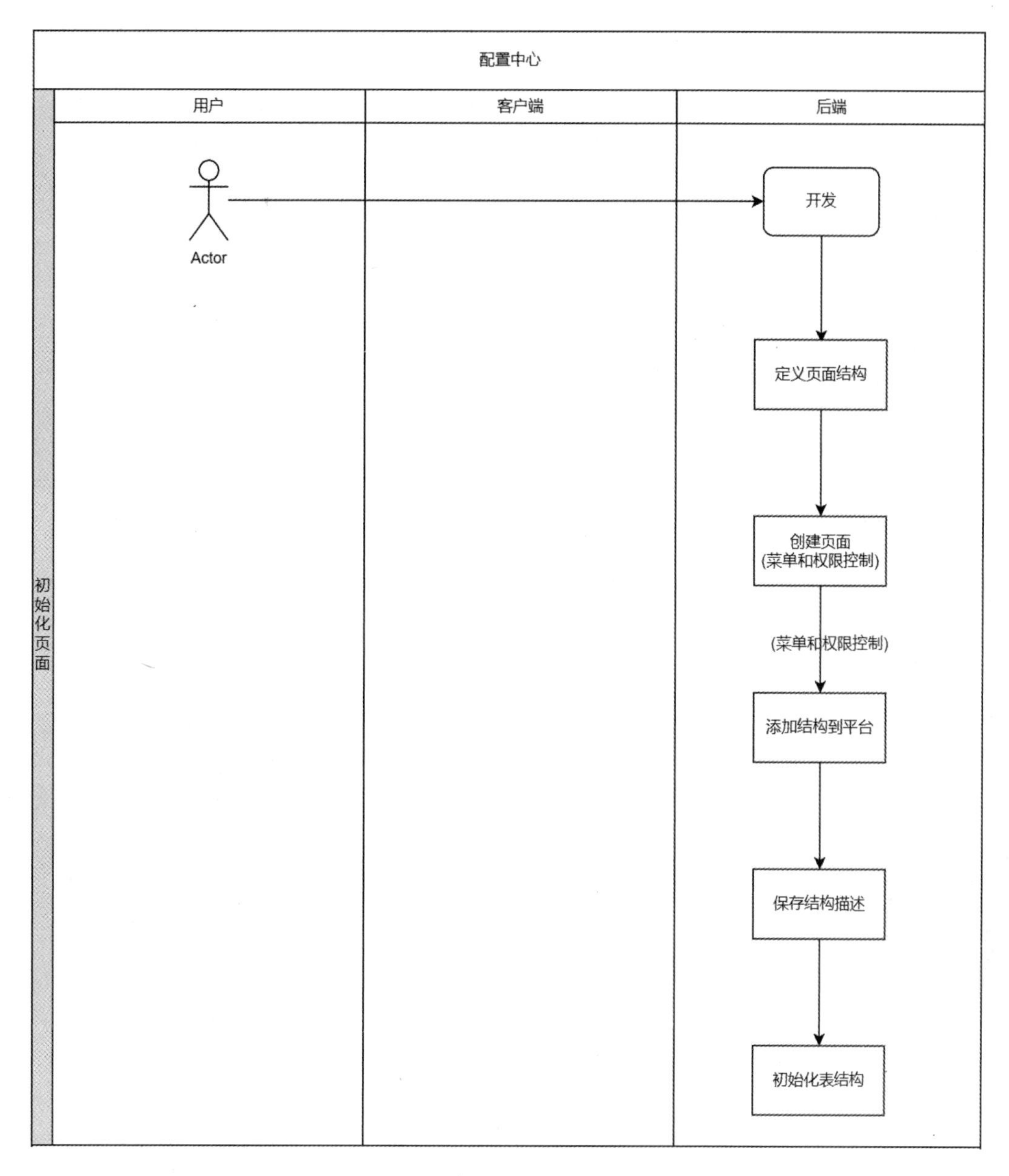

图8-4　初始化页面流程图

（1）根据页面结构动态建表。这里建的表是用户在管理后台添加页面数据后，用于存储页面数据内容的表。以新添加的商品页面为例，该表为商品表，表字段有商品名称、商品图片和商品类型，同时还会动态插入一些标准字段，如id、创建时间、更新时间、创建人、更新人和删除状态等字段。

（2）建立表结构的索引。在创建表时，我们将根据用户在页面上定义的索引字段来创建索引；同时，对于数据结构模型中uniq属性设置为true的字段，也会创建唯一性索引。建立索引可以提升后续查询的效率。

（3）将页面添加到菜单中。当表结构创建完成后，将页面命名空间添加到菜单树中。

接下来，我们来看一个初始化页面流程的示例。

（1）建立字段对象FieldAttribute。该对象用于存储每个字段的相关信息，包含字段名、字段描述、字段类型、是否必填、索引类型等。

```
package low_code;
import java.io.Serializable;
/**
 * @author LIAOYUBIN1
 * @description SQL字段信息
 * @date 2024/05/18
 */
public class FieldAttribute implements Serializable {
    /**
     * 字段名
     */
    private String field;
    /**
     * 字段描述
     */
    private String describe;
    /**
     * 字段类型
     */
    private FieldType type;
    /**
     * 是否必填
     */
    private boolean required;
    /**
     * 索引类型
     */
    private IndexType indexType;
    public String getField() {
        return field;
    }
    public void setField(String field) {
        this.field = field;
    }
    public String getDescribe() {
        return describe;
    }
    public void setDescribe(String describe) {
        this.describe = describe;
```

```
    }
    public FieldType getType() {
        return type;
    }
    public void setType(FieldType type) {
        this.type = type;
    }
    public boolean isRequired() {
        return required;
    }
    public void setRequired(boolean required) {
        this.required = required;
    }
    public IndexType getIndexType() {
        return indexType;
    }
    public void setIndexType(IndexType indexType) {
        this.indexType = indexType;
    }
    // 简单列举几个常见字段的数据库类型，可根据业务需求进一步拓展
    public enum FieldType {
        bigint,
        varchar,
        text,
        datetime,
        ;
    }
    public enum IndexType {
        // 非索引
        NO,
        // 普通索引
        KEY,
        // 唯一索引
        UNIQ,
        // 组合索引
        MULT,
        ;
    }
}
```

（2）创建一个SQL生成工具类TableGeneratorUtil，该工具类用于通过拼接生成动态建表SQL脚本。

```
package low_code;

import com.google.common.collect.Lists;
import java.util.List;

/**
 * @author LIAOYUBIN1
 * @description 表生成工具
 * @date 2024/05/18
 */
public class TableGeneratorUtil {
    // 生成表SQL，拼接SQL会有SQL注入风险，需要对用户输入信息进行校验
    public static String createTableSQL(String tableName, String tableDescribe,
List<FieldAttribute> fieldAttributes) {
        StringBuffer sql = new StringBuffer();
        StringBuffer extra = new StringBuffer();
        sql.append("CREATE TABLE `").append(tableName).append("` (");
        for (FieldAttribute fieldAttribute : fieldAttributes) {
            sql.append("`").append(fieldAttribute.getField()).append("`").
append(" ");
            // 字段类型
            FieldAttribute.FieldType type = fieldAttribute.getType();
            if (type.equals(FieldAttribute.FieldType.bigint)) {
                sql.append("bigint(11)");
            } else if (type.equals(FieldAttribute.FieldType.text)) {
                sql.append("text");
            } else if (type.equals(FieldAttribute.FieldType.datetime)) {
                sql.append("datetime");
            } else {
                sql.append("varchar(64)");
            }
            // 非空
            if (fieldAttribute.isRequired()) {
                sql.append(" ").append("NOT NULL ").append(" ");
            } else {
                sql.append(" ").append("DEFAULT NULL").append(" ");
            }
            // 备注
            sql.append("COMMENT").append(" '").append
(fieldAttribute.getDescribe()).append("',");
            // 索引
            FieldAttribute.IndexType indexType = fieldAttribute.getIndexType();
            if (indexType.equals(FieldAttribute.IndexType.UNIQ)) {
                // 索引-唯一索引
```

```
                extra.append("UNIQUE KEY `").append("uk_").
append(fieldAttribute.getField()).append("` (`").append(fieldAttribute.getField())
.append("`),");
            } else if (indexType.equals(FieldAttribute.IndexType.KEY)) {
                // 索引-普通索引
                extra.append("KEY `").append("idx_").
append(fieldAttribute.getField()).append("` (`").append(fieldAttribute.getField()).
append("`),");
            } else if (fieldAttribute.getField().equals("id")) {
                // 主键索引
                extra.append("PRIMARY KEY (`id`)");
            }
        }
        // 表定义
        sql.append(extra).append(") ENGINE=InnoDB
COMMENT='").append(tableDescribe).append("';");
        return sql.toString();
    }
}
```

（3）初始化流程伪代码。执行初始化逻辑，主要流程包括生成建表SQL脚本、执行建表操作以及将页面添加到菜单树。

```
package low_code;

import com.google.common.collect.Lists;
import java.util.Arrays;
import java.util.Collection;
import java.util.LinkedList;
import java.util.List;

/**
 * @author LIAOYUBIN1
 * @description 保存页面信息逻辑
 * @date 2024/05/18
 */
public class PageInfoTest {
    public static void main(String[] args) {
        // 模拟页面信息数据
        PageInfo pageInfo = new PageInfo();
        pageInfo.setTreeId("1");
        pageInfo.setNameSpace("goods");
        pageInfo.setKeyList(Arrays.asList("goodsName"));
        pageInfo.setLdapList(Arrays.asList("张三", "李四"));
        // 模拟模型数据
```

```
        Model model = new Model();
        model.setTag("商品");
        model.setListColumns(new String[]{"goodsName"});
        List<ModelItem> modelItems = Lists.newLinkedList();
        // 模拟字段数据：此处省略
        ModelItem goodsName = new ModelItem();
        goodsName.setField("goodsName");
        goodsName.setDescribe("商品名称");
        goodsName.setType(FieldDoc.Type.STRING.name());
        goodsName.setRequired(true);
        goodsName.setUniq(true);
        modelItems.add(goodsName);
        ModelItem goodsType = new ModelItem();
        goodsType.setField("goodsType");
        goodsType.setDescribe("商品名称");
        goodsType.setType(FieldDoc.Type.NUM.name());
        goodsType.setRequired(false);
        goodsType.setUniq(false);
        goodsType.setOptions(null);
        modelItems.add(goodsType);
        model.setItems(modelItems);
        pageInfo.setData(model);
        // 保存页面
        savePageInfo(pageInfo);
        // 初始化页面
        initPageInfo(pageInfo);
    }

    private static void initPageInfo(PageInfo pageInfo) {
        // 获取表名
        String tableName = pageInfo.getNameSpace();
        String tableDescribe = pageInfo.getData().getTag();
        // 获取字段信息和索引信息
        List<FieldAttribute> fieldAttributes =
getFieldAttribute(pageInfo.getKeyList(), pageInfo.getData().getItems());
        // 添加额外FieldAttribute信息
        fieldAttributes.addAll(createExtraFieldAttribute());
        // 创建表
        String sql = TableGeneratorUtil.createTableSQL(tableName, tableDescribe,
fieldAttributes);
        // 执行sql
        executeSQL(sql);
        // 添加到菜单
        addNameSpace2Tree(pageInfo.getTreeId(), pageInfo.getNameSpace());
```

```
    }

    /**
     * @param keyList
     * @param modelItems
     * @return 字段名 字段值 索引类型
     */
    private static List<FieldAttribute> getFieldAttribute(List<String> keyList,
List<ModelItem> modelItems) {
        LinkedList<FieldAttribute> fieldAttributes = Lists.newLinkedList();
        for (ModelItem modelItem : modelItems) {
            FieldAttribute fieldAttribute = new FieldAttribute();
            fieldAttribute.setField(modelItem.getField());
            fieldAttribute.setDescribe(modelItem.getDescribe());
            fieldAttribute.setRequired(modelItem.isRequired());
            // 设置字段类型：实际要比这个复杂，此处简单处理
            FieldAttribute.FieldType type = modelItem.getType().
equals(FieldDoc.Type.NUM.name()) ? FieldAttribute.FieldType.bigint :
FieldAttribute.FieldType.varchar;
            fieldAttribute.setType(type);
            // 设置索引
            FieldAttribute.IndexType indexType = keyList.contains
(modelItem.getField()) ? FieldAttribute.IndexType.KEY : FieldAttribute.IndexType.NO;
            indexType = modelItem.isUniq() ? FieldAttribute.IndexType.UNIQ :
indexType;
            fieldAttribute.setIndexType(indexType);
            fieldAttributes.add(fieldAttribute);
        }
        return fieldAttributes;
    }

    private static Collection<? extends FieldAttribute>
createExtraFieldAttribute() {
        // TODO 创建时间、更新时间、创建人、更新人、删除状态，最后添加主键id
        List<FieldAttribute> fieldAttributes = Lists.newLinkedList();
        FieldAttribute date = new FieldAttribute();
        date.setField("createTime");
        date.setDescribe("创建时间");
        date.setType(FieldAttribute.FieldType.datetime);
        date.setRequired(true);
        date.setIndexType(FieldAttribute.IndexType.NO);
        fieldAttributes.add(date);
        FieldAttribute id = new FieldAttribute();
        id.setField("id");
        id.setDescribe("主键");
```

```
        id.setType(FieldAttribute.FieldType.bigint);
        id.setRequired(true);
        id.setIndexType(FieldAttribute.IndexType.NO);
        fieldAttributes.add(id);
        return fieldAttributes;
    }

    private static void addNameSpace2Tree(String treeId, String nameSpace) {
        // TODO 添加到菜单
        System.out.println("成功添加到菜单");
    }

    private static void executeSQL(String sql) {
        // TODO 使用sqlSession或mybatis都行
        System.out.println("成功执行SQL: \n" + sql);
    }

    private static void savePageInfo(PageInfo pageInfo) {
        // 检验创建者是否有创建权限
        if (!checkCanCreatePage()) {
            throw new RuntimeException("没有权限");
        }
        // 校验命名空间是否唯一
        if (!checkNameSpace(pageInfo.getNameSpace())) {
            throw new RuntimeException("命名空间重复");
        }
        // 校验模型数据是否合规：是否有字段名称，是否有描述
        if (!checkModelData(pageInfo.getData())) {
            throw new RuntimeException("数据页面有误");
        }
        // 校验模型数据是否合规：是否有字段名称，是否有描述
        if (!checkKeyList(pageInfo.getKeyList(), pageInfo.getData().getItems())) {
            throw new RuntimeException("索引项配置有误");
        }
        // 数据落库
        insert(pageInfo);
        // 进行缓存
        saveCache(pageInfo);
    }

    private static boolean checkCanCreatePage() {
        // TODO 检验创建者是否有创建权限
        return true;
    }
```

```
    private static boolean checkNameSpace(String nameSpace) {
        // TODO 校验命名空间是否唯一
        return true;
    }

    private static boolean checkModelData(Model data) {
        // TODO 校验模型数据是否合规：是否有字段名称，是否有描述
        return true;
    }

    private static void insert(PageInfo pageInfo) {
        // TODO 数据落库
        System.out.println("成功插入数据库");
    }

    private static void saveCache(PageInfo pageInfo) {
        // TODO 进行缓存
        System.out.println("成功保存到缓存");
    }

    private static boolean checkKeyList(List<String> keyList, List<ModelItem>
modelItems) {
        // TODO 校验模型数据是否合规：是否有字段名称，是否有描述
        return true;
    }
}
```

（4）执行结果。执行main方法，完成初始化流程。得到以下输出：

```
成功插入数据库
成功保存到缓存
成功执行SQL:
CREATE TABLE `goods` (`goodsName` varchar(64) NOT NULL COMMENT '商品名称',
`goodsType` bigint(11) DEFAULT NULL COMMENT '商品名称',`createTime` datetime NOT NULL
COMMENT '创建时间',`id` bigint(11) NOT NULL COMMENT '主键',UNIQUE KEY `uk_goodsName`
(`goodsName`),PRIMARY KEY (`id`)) ENGINE=InnoDB COMMENT='商品';
成功添加到菜单
```

此时我们看到创建了一张表，结构如下：

```
CREATE TABLE `goods` (
`goodsName` varchar(64) NOT NULL COMMENT '商品名称',
`goodsType` bigint(11) DEFAULT NULL COMMENT '商品名称',
`createTime` datetime NOT NULL COMMENT '创建时间',
`id` bigint(11) NOT NULL COMMENT '主键',
PRIMARY KEY (`id`),
```

```
UNIQUE KEY `uk_goodsName` (`goodsName`)
) ENGINE=InnoDB DEFAULT CHARSET=utf8mb4 COMMENT='商品';
```

8.2 查看列表页设计

我们已经在页面配置中心生成了页面，接下来将讲解管理后台界面的整体业务逻辑。现在，我们需要进入已添加的商品管理后台列表页面。

查看列表页的流程如图8-5所示。

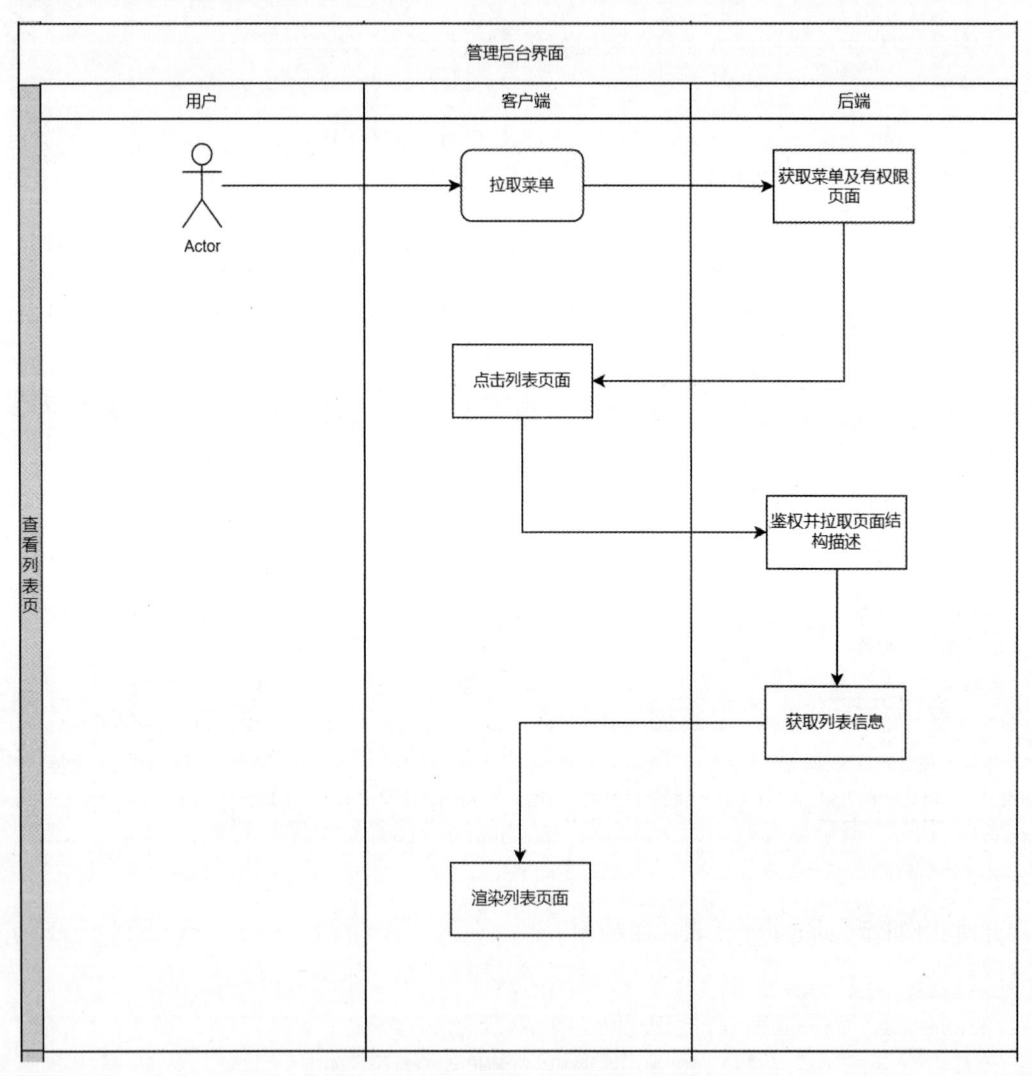

图8-5 查看列表页的流程图

（1）拉取菜单列表。

（2）返回菜单列表及菜单列表下所有用户有权限访问的页面链接。

（3）点击进入指定页面。

（4）进行鉴权并拉取页面结构描述。

（5）获取列表信息。

（6）渲染列表页面。

8.2.1　拉取菜单列表

用户登录管理后台进入管理后台界面后，首先会拉取菜单列表。前端会请求后端获取整个缓存的菜单树。

8.2.2　校验页面权限并返回菜单树

后端接收到前端获取菜单列表的请求后，会缓存查询管理后台菜单树的配置。菜单树的叶子节点绑定一个命名空间，每个命名空间对应用户配置的一个管理后台页面。当遍历菜单树叶子节点时，会通过命名空间查询对应的页面配置信息，然后获取页面配置信息中的权限配置，最后校验当前用户是否有访问该页面的权限。如果当前用户无该菜单的权限，则会过滤掉该菜单；如果当前用户有该菜单的权限，则返回前端该菜单信息和菜单对应的页面链接。

8.2.3　用户点击进入指定页面

用户单击菜单，打开菜单对应页面。此时进入的是一个列表页面，列表页面包含最基础的新增组件、搜索组件、分页列表组件。以商品列表为例，新增组件是默认的按钮，支持创建一个商品，搜索组件支持用户通过商品名称搜索商品，列表组件则展示商品列表结果，同时包含编辑和删除指定商品的按钮。

8.2.4　鉴权并拉取页面结构描述

了解页面的组成之后，我们现在来实现搜索和列表功能。在搜索组件中，我们如何确定需要配置哪些搜索项？在列表组件中，我们又如何知道需要展示哪些列呢？在我们之前配置页面信息时，有一个输入项称为“索引列表”，它定义了我们的搜索项内容。索引列表的数量决定了搜索项的数量。而在我们定义页面结构时，@TitleDoc注解中的listColumns字段则定义了哪些字段需要展示在列表中。可能有些读者会好奇，为什么搜索项要在配置页面定义，而索引却要在@TitleDoc注解中定义，是否可以交换它们的位置？实际上，这是完全可以的，你甚至可以将它们都放在配置页面中。我们之所以将列表字段放在注解中，是因为这个低代码平台示例的主要作用是作为一个配置中心，从一开始就能明确列出列表需要展示哪些字段，这些字段基本不会变动；而搜索项则可能随着业务的发展而不断扩展，将它们配置在配置中心可以方便后续的变更。本书提供的是一种解决方案，读者可以根据自己的需求灵活地实现所需功能。

当我们明确了搜索项和列表展示信息的来源后，前端组件只需获取页面结构描述，即可实现搜索框和列表框的功能。

8.2.5 获取列表信息

此时，前端请求后端的统一接口以获取商品列表。该接口包含参数、命名空间、搜索参数以及分页信息。后端在接收到接口请求时，会首先进行鉴权，然后组装SQL请求进行查询。我们注意到这个过程与后端请求管理后台配置的实现逻辑相同，即管理后台既可以作为运营或产品等角色配置页面信息的界面，也可以实现后台配置中心的功能。我们的任务是进行鉴权、优化缓存、降低系统并发压力以及减轻对数据库代理的请求压力。

```
package com.alialiso.MyDemo.Test.talk;

import com.google.common.collect.Maps;
import org.springframework.stereotype.Controller;
import org.springframework.web.bind.annotation.RequestBody;
import org.springframework.web.bind.annotation.RequestMapping;
import org.springframework.web.bind.annotation.ResponseBody;
import java.util.Map;

@Controller
public class LowCodeController {
    @RequestMapping("commonList")      // 处理前端请求，获取商品列表
    @ResponseBody
    public PageInfo<Map<String, Object>> commonList(@RequestBody Map<String,
String> param) {
        String querySQL = createQuerySQL(param);    // 调用方法生成查询SQL
        return executeSQL(querySQL);   // 执行SQL查询并返回结果
    }

    // 根据传入的参数生成SQL查询语句
    public static String createQuerySQL(Map<String, String> param) {
        // 使用StringBuffer来构建SQL语句
        StringBuffer querySql = new StringBuffer();
        String nameSpace = param.get("nameSpace"); // 从参数中获取命名空间（表名）

        // 获取分页参数，页码和每页大小
        Integer pageNum = Integer.valueOf(param.get("pageNum"));
        Integer pageSize = Integer.valueOf(param.get("pageSize"));
        // 开始构建查询语句
        querySql.append("SELECT * from ").append(nameSpace).append(" where ");
        boolean first = true;            // 用于判断是不是第一个查询条件

        // 删除已经用过的分页参数，避免它们出现在查询条件中
```

```
        param.remove("nameSpace");
        param.remove("pageNum");
        param.remove("pageSize");

        // 遍历查询条件并将其拼接到SQL中
        for (Map.Entry<String, String> paramEntry : param.entrySet()) {
            if (!first) {
                querySql.append(" and ");   // 如果不是第一个条件，添加"and"
            }
            // 将条件以"字段=值"的形式拼接到SQL中
            querySql.append(paramEntry.getKey()).append("=\"").append
(paramEntry.getValue()).append("\" ");
            first = false;      // 第一个条件拼接完后，标记后续为非第一个条件
        }
        // 添加分页查询限制
        querySql.append("limit ").append((pageNum - 1) *
pageSize).append(",").append(pageSize);
        System.out.println(querySql);       // 输出生成的SQL（调试用）
        return querySql.toString();         // 返回生成的SQL查询语句
    }

    // 执行SQL查询，返回分页结果
    public PageInfo<Map<String, Object>> executeSQL(String sql) {
        // TODO 执行分页查询并返回查询结果
        return null;
    }
}
```

我们请求执行下代码：

```
POST http://localhost:80/commonList
{
    "nameSpace":"goods",
    "goodsName":"iphone",
    "pageNum":"1",
    "pageSize":"20"
}
```

生成的SQL为：

```
SELECT * from goods where goodsName="iphone" limit 0,20
```

8.2.6　渲染列表页面

后端返回列表数据后，前端列表组件遍历列表结果，然后根据页面约束展示指定的字段即可，如图8-6所示。

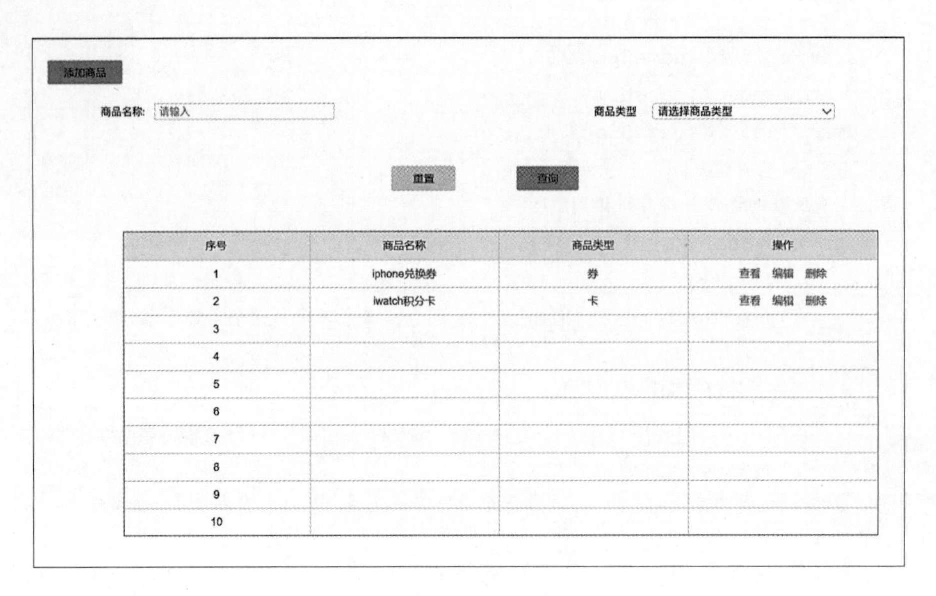

图8-6　展示指定的字段

8.3　添加页面设计

前面我们讲解了生成式配置中心和管理后台列表页面。管理后台界面还包括添加页面（见图8-7）、更新页面、删除配置（见图8-8）等操作。一旦掌握了列表页的生成逻辑，就会发现生成其他页面的原理是类似的。添加商品页面的示例如图8-9所示。

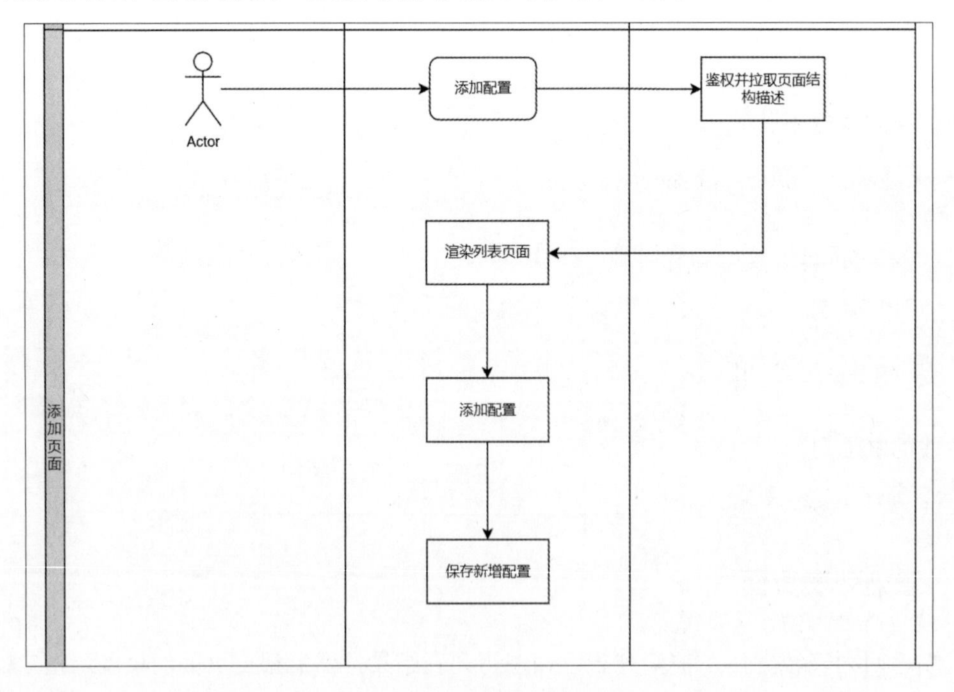

图8-7　添加页面流程图

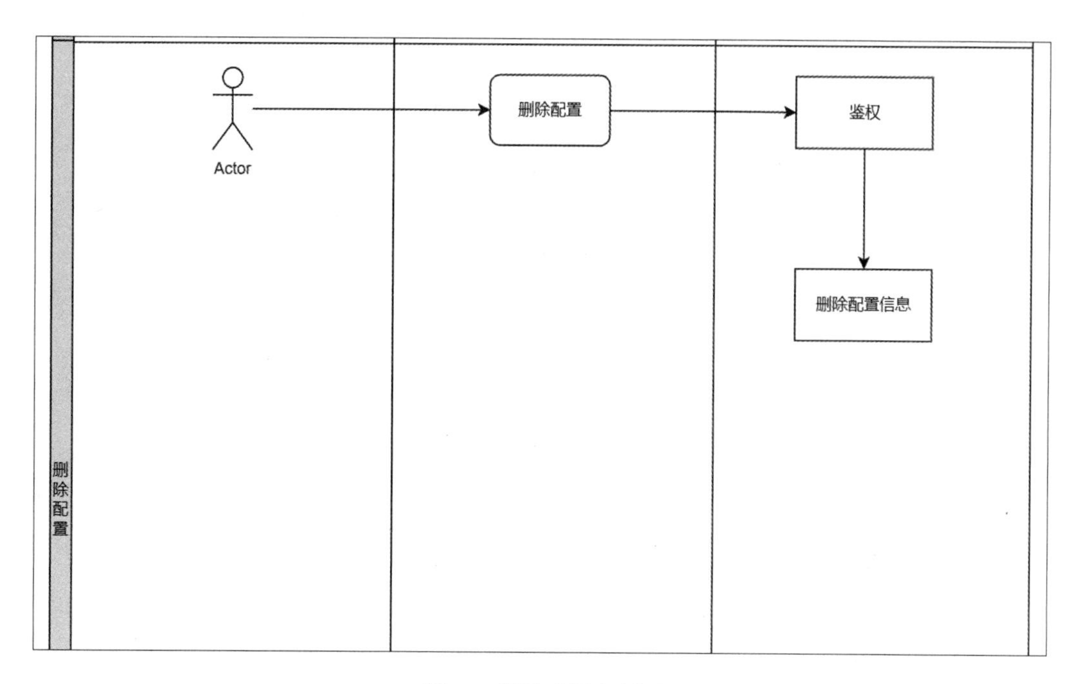

图8-8　删除配置流程图

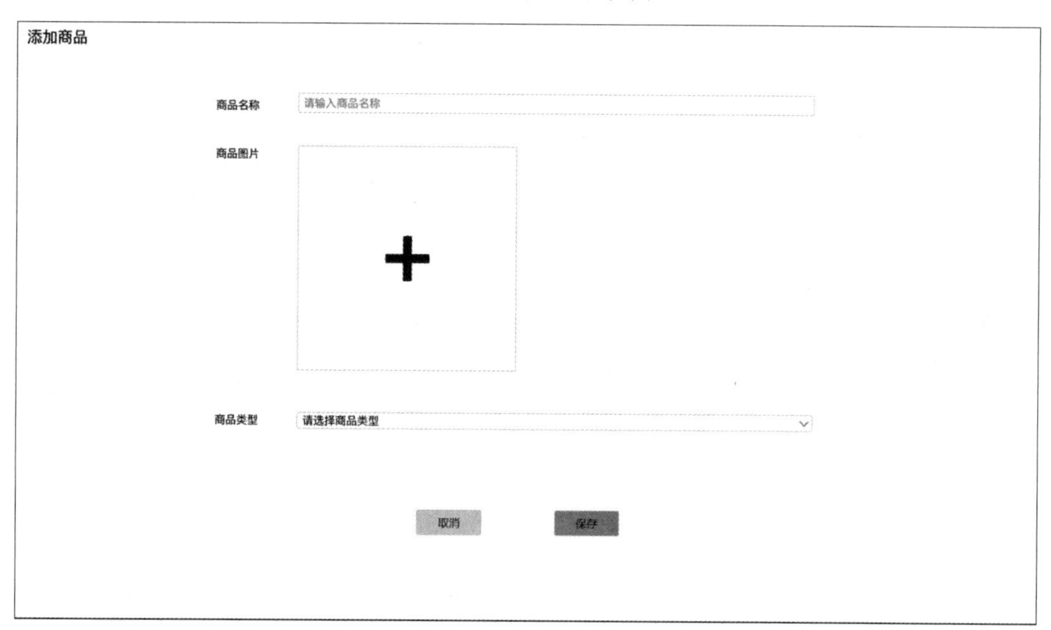

图8-9　添加商品页面示例

添加页面的前端流程与列表页面类似，同样是获取页面结构，然后将该结构渲染成对应的页面内容。点击添加按钮后，前端调用后端的通用插入接口，传入命名空间（namespace）和表单内容，执行插入操作。在后端，插入操作通过拼接插入语句来完，如图8-10所示。至于更新操作，前端在跳转到编辑页面时，会将数据带到编辑页面进行展示，或者仅传递ID到编辑页面，再通过ID和命名空间请求后端获取单个页面的信息，最后渲染页面内容。删除操作则通过调用后端的通用删除接口来完成，删除请求需要传入命名空间和ID以执行删除操作。

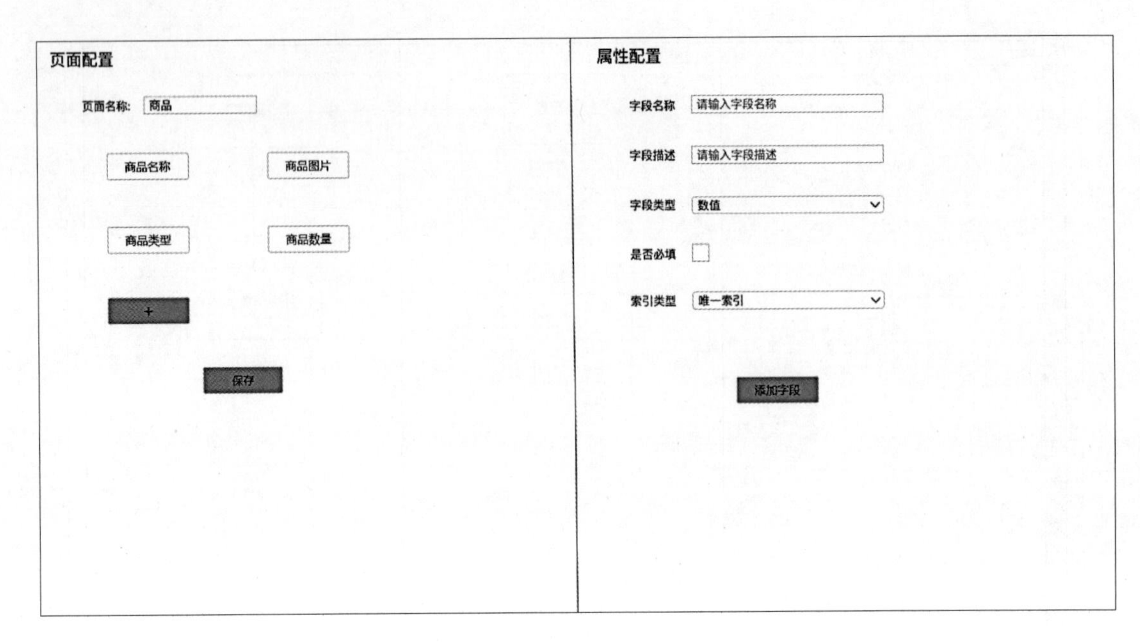

图8-10　添加字段页面示例

8.4　常见问题解答

问题1　配置中心新增页面时怎么添加组合索引？

页面配置中心中定义的索引项对应表的单个索引创建。如果我们想要配置组合索引，可以直接在MySQL中通过脚本添加索引。如果想要更智能地处理，可以通过"/"分隔多个字段来实现。在拼接建表SQL时，如果存在以"/"分隔的索引，系统会自动按照组合索引的方式进行拼接。但是，前端需要过滤掉组合索引在搜索框内的展示。

问题2　在列表搜索框内，如果搜索项想展示日期控件，怎么处理？

页面结构约束中的字段描述包含类型枚举，前端可根据类型枚举判断该字段是否为日期类型，如果是日期字段，前端则会引用日期控件。

问题3　字段类型不够丰富，动态建表字段长度都是固定的，是否可以改成自定义？

本章的示例为了便于演示，枚举了部分字段类型，并且直接定义了字符串长度为64。在实际应用场景中，可自行拓展。可以通过添加枚举类型来定义更多的字段类型。如果需要自定义字符串长度，或者约束前端的数字范围，可以在@FieldDoc注解中增加属性来实现。笔者建议重新定义一个注解，以对字段长度、前端日期、数值、浮点数取值范围进行约束。

问题4　配置中心是否能够支持更新页面配置？

本章的示例只展示了新增页面配置并未涉及更新页面配置。更新页面配置时需要考虑以下3个要点。

（1）编辑后的结构与旧结构进行比较：由于编辑前后我们不知道哪些结构发生了变动，因此需要对新结构进行分析比较，确认变动内容。

（2）表变更：原则上只支持新增字段和索引。如果需要删减或修改字段和索引，则可通过脚本执行。这样做是为了避免表内存在大量数据时，删减字段和索引对业务的负面影响，如锁表。

（3）数据兼容：如果新增了必填项字段，但旧数据没有该字段，则需要考虑管理后台编辑该页面的旧记录时必填项的报错问题。

① 如果要对列表某个字段进行排序，怎么办？

在配置中心添加页面时，应增加一栏，用于保存需要进行排序的字段。前端在渲染列表组件时，获取页面结构后，若发现存在排序字段，则应在该列显示排序按钮。用户点击排序按钮选择升降序时，前端会请求后端接口，并在请求中携带分页和搜索项，还应额外传递排序字段。例如，后端在拼接SQL时，会检查是否存在sort这个键，如果存在，则将该键对应的字段拼接到SQL查询中。

```
POST http://localhost:80/commonList
{
    "nameSpace":"goods",
    "goodsName":"iphone",
    "pageNum":"1",
    "pageSize":"20",
    "sort":{"goodsType":"DESC"}
}
```

② 如果需要开放给非研发用户来添加页面，怎么处理？

在我们的案例中，页面结构是由研发人员生成的，这对非研发人员，尤其是运营人员来说，有一定的学习成本。因此，我们需要将定义页面的能力从代码的形式转换为页面交互方式，使得系统真正实现零代码。我们的实现方法是通过页面来实现@TitleDoc和@FieldDoc注解的定义。

如图8-11所示，运营人员在添加页面时，只需要在页面上单击 + 按钮就能新增字段，界面右边可以对该字段进行定义。定义内容包括字段名称、字段命名、字段类型、必填项、是否列表中显示、唯一值、下拉列表等。这里的字段命名采用了第4章讲解的字段生成器，默认是由字段生成器生成字段名，但用户也可以自定义命名。

③ 举例演示一下触发器在这里的应用。

假如我们有一个仓储系统，设定仓库能够存储的最大数量为100，每次新进来一批商品，就会扣减仓库剩余库存。我们建立了两个页面信息，如图8-12所示。

首先，查看保存页面时的整个流程改动。在创建商品数量时，给该字段绑定一个触发器，该触发器为Groovy代码片段。在保存页面时，会同时保存Groovy片段，如图8-13所示。

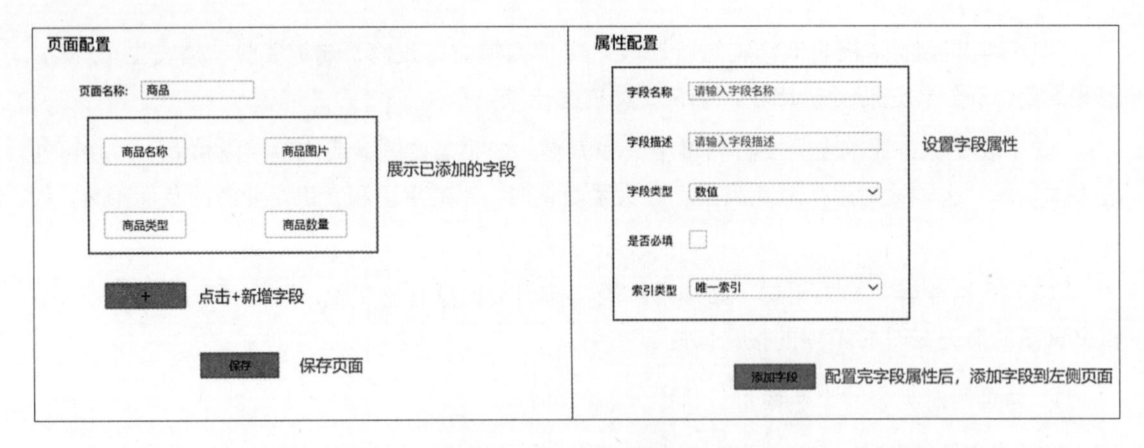

页面配置
页面名称：
商品
商品名称
商品图片
商品类型
商品数量
展示已添加的字段
+
点击+新增字段
保存
保存页面
属性配置
字段名称
请输入字段名称
字段描述
请输入字段描述
设置字段属性
字段类型
数值
是否必填
索引类型
唯一索引
添加字段
配置完字段属性后，添加字段到左侧页面

图8-11　定义页面结构

页面配置
页面名称：
仓库
仓库名称
仓库容量
仓库剩余容量
+
保存
属性配置
字段名称
请输入字段名称
字段描述
请输入字段描述
字段类型
数值
是否必填
索引类型
唯一索引
添加字段

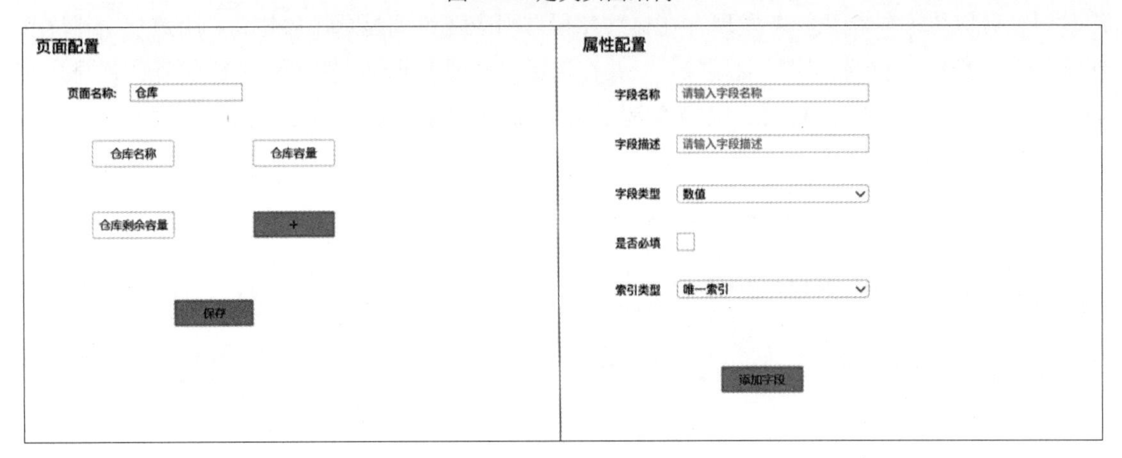

图8-12　仓储系统两个页面信息

页面配置
页面名称：
商品
商品名称
商品图片
商品类型
商品数量
+
保存
属性配置
字段名称
good_quility
字段描述
商品数量
字段类型
数值
是否必填
索引类型
无
触发器类型
Groovy脚本
选择触发器
自定义触发器1
添加字段

图8-13　给字段绑定一个触发器

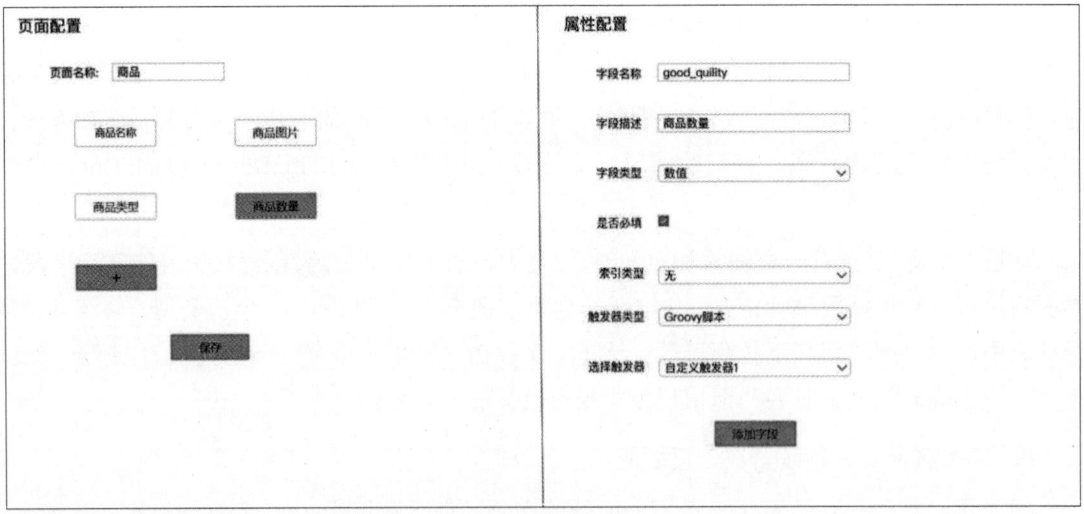

代码改动说明如下。

首先，引入Groovy依赖：

```
<dependency>
<groupId>org.codehaus.Groovy</groupId>
<artifactId>Groovy</artifactId>
<version>3.0.20</version>
</dependency>
```

然后，新增一张表用于存储触发器脚本：

```
CREATE TABLE `trigger` (
`id` bigint(20) NOT NULL AUTO_INCREMENT COMMENT '主键',
`table_name` varchar(64) NOT NULL COMMENT '表名',
`field_name` varchar(64) NOT NULL COMMENT '字段名',
`script` text NOT NULL COMMENT 'Groovy脚本',
PRIMARY KEY (`id`),
KEY `idx_table_name` (`table_name`) USING BTREE
) ENGINE=InnoDB DEFAULT CHARSET=utf8mb4 COMMENT='触发器脚本';
```

新建对象保存触发器结构：

```
package low_code;
/**
 * @author LIAOYUBIN1
 * @description 触发器
 * @date 2024/05/19
 */
public class Trigger {
    /**
     * 绑定表
     */
    private String tableName;
    /**
     * 绑定字段
     */
    private String fieldName;
    /**
     * 脚本内容
     */
    private String script;

    public String getTableName() {
        return tableName;
    }
```

```
    public void setTableName(String tableName) {
        this.tableName = tableName;
    }

    public String getFieldName() {
        return fieldName;
    }

    public void setFieldName(String fieldName) {
        this.fieldName = fieldName;
    }

    public String getScript() {
        return script;
    }

    public void setScript(String script) {
        this.script = script;
    }
}
```

接下来，编写Groovy脚本，脚本逻辑为：取出新建商品的库存字段值，然后减少仓库容量对象所保存的剩余库存值：

```
// 引入Java类
import com.alibaba.fastjson.JSONObject;
import low_code.TriggerExcutor;
def methed(JSONObject param){
    // 1.获取参数
    String stock=param.getString("stock");
    println stock;
    // 2.更新目标表对应字段信息
    // 更新的方法有几种: 1.提前预制一些脚本工具箱供调用 2.请求指定接口更新
    // 这里调用了预制脚本工具类，操作warehouse表
    TriggerExcutor triggerExcutor=new TriggerExcutor();
    triggerExcutor.reduce("warehouse","1","load",stock);
}
```

预制工具类如下：

```
package low_code;
/**
 * @author LIAOYUBIN1
 * @description
```

```
* @date 2024/05/19
*/
public class TriggerExcutor {
    public void reduce(String table,String id,String field,String value) {
        System.out.println(String.format("更新%s表，id为%s的记录：将%s字段减少
了%s",table,id,field,value));
    }
}
```

接着，在保存页面时，PageInfo对象新增入参：

```
/**
* 触发器列表
*/
private List<Trigger> triggerList;
public List<Trigger> getTriggerList() {
return triggerList;
}
public void setTriggerList(List<Trigger> triggerList) {
this.triggerList = triggerList;
}
```

最后，保存页面后的逻辑改为savePageInfo：

```
private static void savePageInfo(PageInfo pageInfo) {
    // 检验创建者是否有创建权限
    if (!checkCanCreatePage()) {
        throw new RuntimeException("没有权限");
    }
    // 校验命名空间是否唯一
    if (!checkNameSpace(pageInfo.getNameSpace())) {
        throw new RuntimeException("命名空间重复");
    }
    // 校验模型数据是否合规：是否有字段名称，是否有描述
    if (!checkModelData(pageInfo.getData())) {
        throw new RuntimeException("数据页面有误");
    }
    // 校验模型数据是否合规：是否有字段名称，是否有描述
    if (!checkKeyList(pageInfo.getKeyList(), pageInfo.getData().getItems())) {
        throw new RuntimeException("索引项配置有误");
    }
    // 数据落库
    insert(pageInfo);
    // 插入脚本
    insertTrigger(pageInfo.getTriggerList());
```

```
    // 进行缓存
    saveCache(pageInfo);
}

private static void insertTrigger(List<Trigger> triggerList) {
    // TODO将触发器脚本插入数据库表格中
    System.out.println("插入触发器脚本成功");
}
```

现在我们来编写一个测试类验证一下：

```
package low_code;

import com.alibaba.fastjson.JSONObject;
import com.google.common.collect.Lists;
import Groovy.lang.GroovyClassLoader;
import Groovy.lang.GroovyObject;
import org.springframework.stereotype.Controller;
import org.springframework.web.bind.annotation.RequestBody;
import org.springframework.web.bind.annotation.RequestMapping;
import org.springframework.web.bind.annotation.ResponseBody;

import java.util.List;
import java.util.Map;

@Controller
public class LowCodeController {
    /**
     * 当前端添加一条记录时，会调用该接口进行插入
     */
    @RequestMapping("commonAdd")
    @ResponseBody
    public void commonAdd(@RequestBody Map<String, String> param) {
        String nameSpace = param.get("nameSpace");
        // 保存新增页面数据操作
        insert(param);
        // 查询该表关联的所有触发器
        List<Trigger> triggerList = queryTriggerListByTableName(nameSpace);
        for (Trigger trigger : triggerList) {
            // 挨个触发器执行
            executeTrigger(param, trigger);
        }
    }

    // 模拟插入数据库
```

```
    private void insert(Map<String, String> param) {
        String nameSpace = param.get("nameSpace");
        param.remove(nameSpace);
        // TODO: 拼接SQL，执行SQL，完成数据库插入
        System.out.println("插入数据库成功");
    }
    // 模拟从数据库查询Groovy脚本
    private List<Trigger> queryTriggerListByTableName(String nameSpace) {
        List<Trigger> triggerList = Lists.newLinkedList();
        Trigger trigger = new Trigger();
        trigger.setTableName("goods");
        trigger.setFieldName("stock");
        String GroovyScript = "import com.alibaba.fastjson.JSONObject;\n" +
                "import com.alialiso.MyDemo.low_code.TriggerExcutor;\n" +
                "\n" +
                "def methed(JSONObject param){\n" +
                "    String stock = param.getString(\"stock\");\n" +
                "    println stock;\n" +
                "\n" +
                "   TriggerExcutor triggerExcutor = new TriggerExcutor();\n" +
                "   triggerExcutor.reduce(\"warehouse\",\"1\",\"load\",stock);\n" +
                "}";
        trigger.setScript(GroovyScript);
        triggerList.add(trigger);
        return triggerList;
    }
    private void executeTrigger(Map<String, String> param, Trigger trigger) {
        // 统一转JSONObject对象
        String jsonString = JSONObject.toJSONString(param);
        JSONObject jsonObject = JSONObject.parseObject(jsonString);
        String script = trigger.getScript();
        GroovyClassLoader classLoader = new GroovyClassLoader();
        Class GroovyClass = classLoader.parseClass(script);
        try {
            GroovyObject GroovyObject = (GroovyObject) GroovyClass.newInstance();
            // 调用脚本，同时传入参数
            GroovyObject.invokeMethod("methed", jsonObject);
        } catch (InstantiationException e) {
            e.printStackTrace();
        } catch (IllegalAccessException e) {
            e.printStackTrace();
        }
    }
}
```

模拟插入请求：

```
http://localhost:80/commonAdd
{
"nameSpace":"goods",
"stock":"50"
}
```

请求后打印如下：

```
插入数据库成功
50
更新warehouse表，id为1的记录：将load字段减少了50
```

另外，补充两个知识点：

（1）仓库容量减少的因素：在业务应用中，导致仓库容量减少的因素不仅仅是入库商品，入库一批材料也可能会导致容量减少。在这种情况下，我们在材料页面增加库存字段时，可能需要编写一段与商品库存更新相同的Groovy脚本。因此，我们完全可以将Groovy脚本设计为通用脚本，提供ID供字段保存时引用，从而避免重复编写相同的代码。

（2）触发器中的预制类：脚本中引用的TriggerExcutor类是我们在代码中提前预制的工具类。触发器中预制类的使用非常常见，如图8-14所示。如果要请求外部接口，我们可以封装一个专门用于请求外部接口的预制工具类；发送消息队列（MQ）消息时，也可以使用一个预制工具类；在操作数据库或某些中间件时，也可以使用此方法来简化代码，确保一致性和复用性。

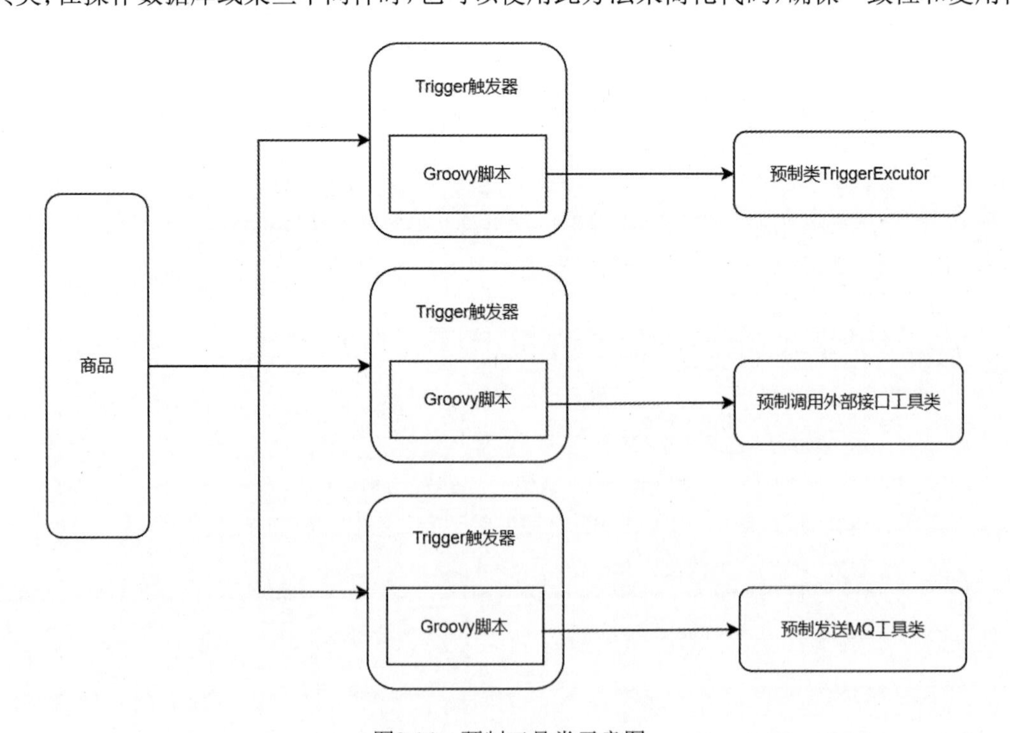

图8-14　预制工具类示意图

第 9 章 实战案例2：CMS平台

我们在第8章完成了低代码管理后台的构建，目前管理后台已经搭建完成。本章将介绍面向客户端的CMS（Content Management System，内容管理系统），用于管理用户可视化的内容。CMS低代码平台目前非常流行，到什么程度呢？你只需在百度或GitHub上随便搜索“低代码”，就会发现一大堆CMS低代码平台的开源项目，而且这些项目大多是前端项目。本章将要讲解的CMS低代码平台，主要包含两个部分：一个拖曳式的CMS配置页面和一个CMS管理页面。前者负责生产CMS页面内容，后者用于管理历史生成的CMS页面。

目前，前端较为常见的交互实现方法有两种：

（1）前端预制了常用的页面基础组件，用户通过编辑这些组件，调整组件的布局、位置、长宽、边距和内容等，最后拼接成完整的HTML代码；保存页面时会调用后端接口上传文件，展示时则通过文件名或ID映射获取页面地址，返回页面内容进行展示。

（2）前端预制了常见的业务组件（如轮播图框、M*N商品橱窗、文章列表等），同时也包含基础组件；在管理后台保存页面时，会调用后端接口保存页面信息和组件信息；在C端展示时，通过ID查到保存的信息，根据页面配置信息展示主页面信息，通过配置的组件信息轮询组件JS库进行渲染。

方法（1）适用于静态页面展示或较少交互的页面，相较于后端来说更好实现；方法（2）则适用于具有复杂交互的页面设计，实现较为复杂。本章将重点讲解方法（2）。

9.1 配置页面构成

我们先来看看CMS的页面构成，如图9-1所示。CMS配置页分为3个主要模块，分别是组件库区、渲染区和配置区。左侧为组件库区，该区域包含前端预制的组件，如果需要新增组件，则需进行前端开发；中间为渲染区，主要用于实时预览最终生成页面的效果；右侧为页面和组件的属性配置区，可以对页面和组件进行自定义配置。这3个模块之间的关系如下：用户选择左侧组件库中的单个组件，然后通过拖曳的方式将它移动到中间的渲染区，最后通过配置区来配置每个组件的自定义内容。

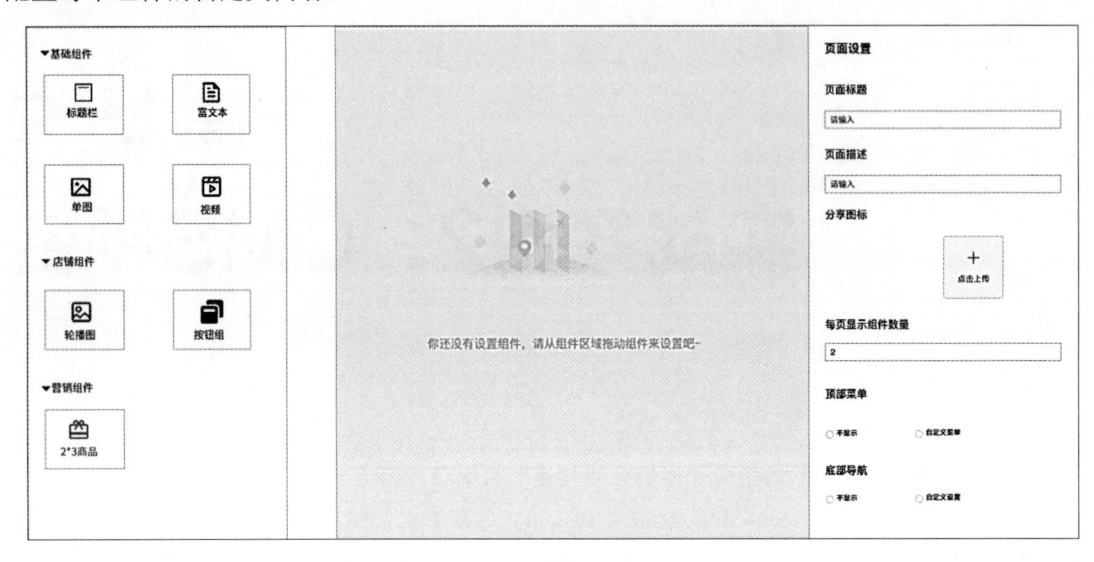

图9-1　CMS的页面构成

9.1.1　组件库区

组件库分为基础组件和业务组件。基础组件提供页面的基础功能，常见的基础组件包括：富文本、单图片、单视频、按钮、辅助线和标题；业务组件是根据业务需要定制化开发的，主要包括功能组件、营销组件和电商组件等。

- 常见的功能组件：导航栏、关注、首页、服务窗、个人信息。
- 常见的营销组件：软文展示、轮播图、活动展示、店铺展示。
- 常见的电商组件：M*N商品展示、商品横滑组件、单品橱窗。

9.1.2　渲染区

渲染区初始化时会提供一些默认的页面属性，如页面标题、背景颜色和背景图片，这些可通过配置区进行编辑。CMS管理员可以将组件拖曳到渲染区进行预览。如果管理员编辑了配置区的组件属性，渲染区将实时更新展示效果。在渲染区，每个组件都应支持上移、下移和删除功能。当用户点击某个组件时，右侧配置区将同步实现该组件的配置信息。

9.1.3　配置区

配置区主要用于对页面和组件进行配置。页面常见的配置包括基础属性配置和分享属性配置，具体内容如下。

- 基础属性配置：基础属性用于定义页面的整体特性，包含标题、背景颜色、背景图片、页面类型等。
- 分享属性配置：分享属性主要用于设置页面分享时展示的内容，包含可访问页面的起止时间，以及分享时的主题、描述、图片、页面描述等信息。

组件配置主要用于配置组件的基础属性和自定义属性。基础属性包含组件的间距、长宽、大小、颜色、背景、边框等；自定义属性则包含商品、链接、图片、内容等。

9.2　CMS配置端交互演示

CMS配置端交互步骤如图9-2所示。本节将讲解其交互的主要环节。

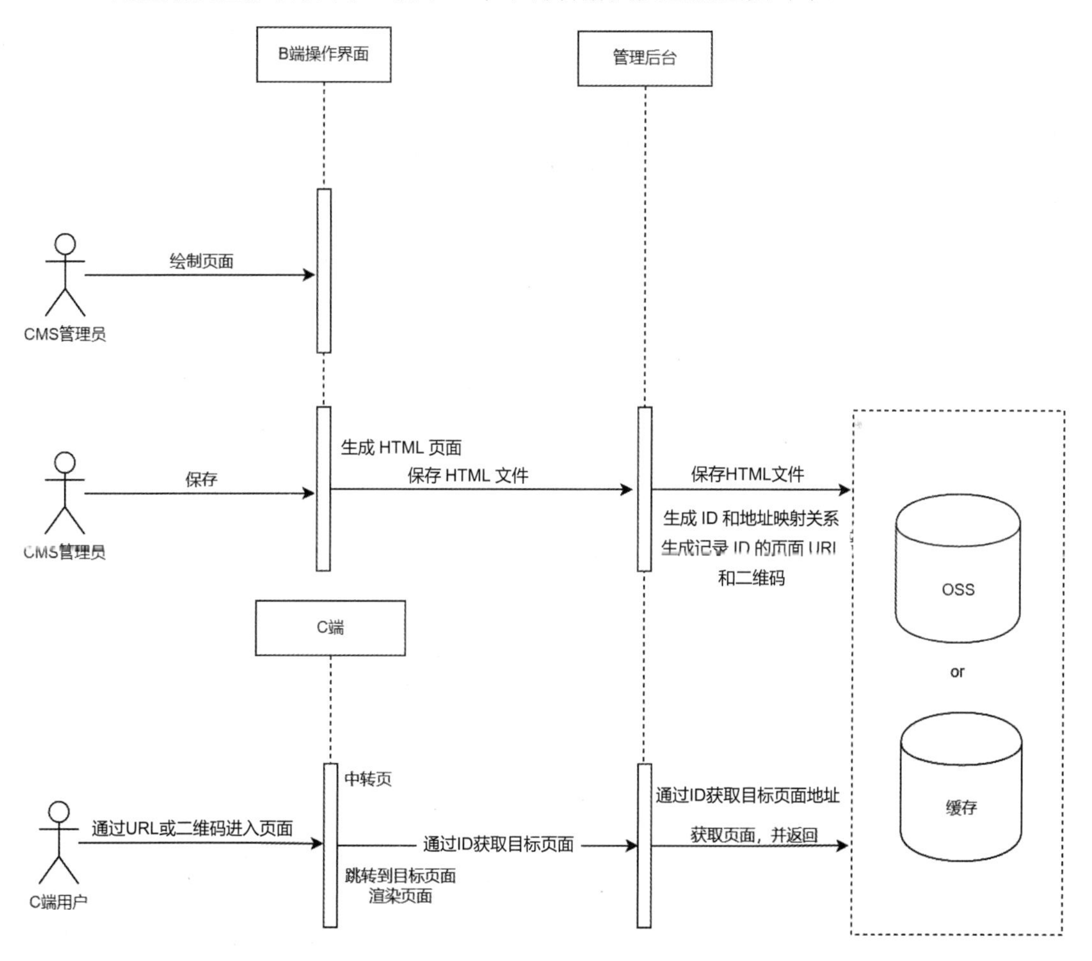

图9-2　CMS配置端交互步骤

1. 新增CMS页面

我们搭建了一个CMS管理后台页面，该页面提供新增CMS页面的入口，并提供列表展示历史创建的所有CMS页面记录。列表中包含页面ID、页面标题、页面描述、创建时间等信息，同时每条记录的右侧提供“编辑”和“复制链接”链接。单击“新增”按钮后，进入CMS配置页面，如图9-3所示。

图9-3　CMS配置页面

2. 新增CMS页面

进入CMS配置页后，会看到一个空白的渲染页面，右侧的配置区用于展示页面配置，如图9-4所示。此时，我们先对页面基础信息进行配置，包括页面标题、页面类型、背景颜色等内容。页面类型视业务需求，一般有活动、推广、其他等可选类型。活动通常用于活动宣传（如节假日活动、大促预热），并设置明确的活动起止时间；推广主要用于展示一些营销页面；其他类型则包括静态页、首页等配置。

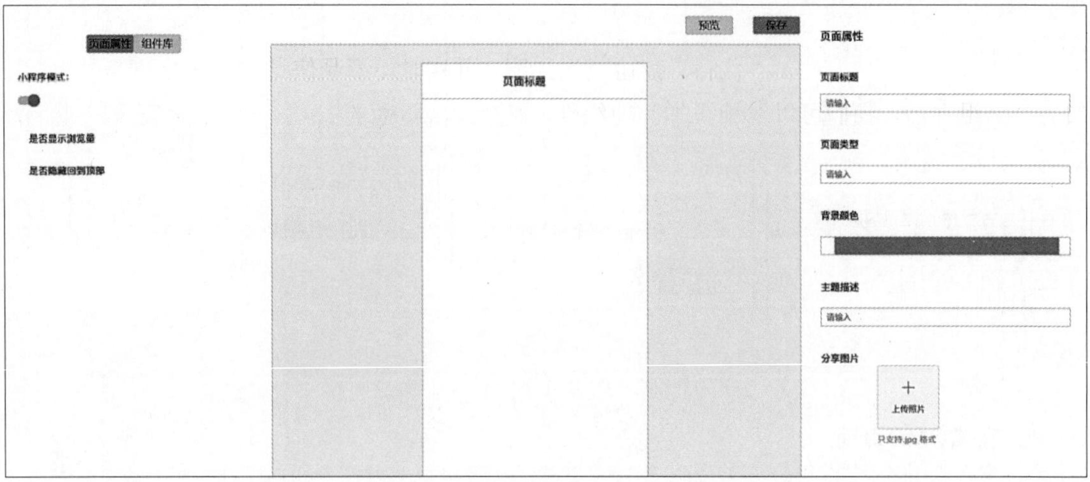

图9-4　空白的渲染页

3. 选择组件

一个页面由多个组件组合而成。这里，我们选择一个用于商品展示的业务组件——商品横滑组件，并将商品横滑组件拖曳到渲染页面，如图9-5所示。

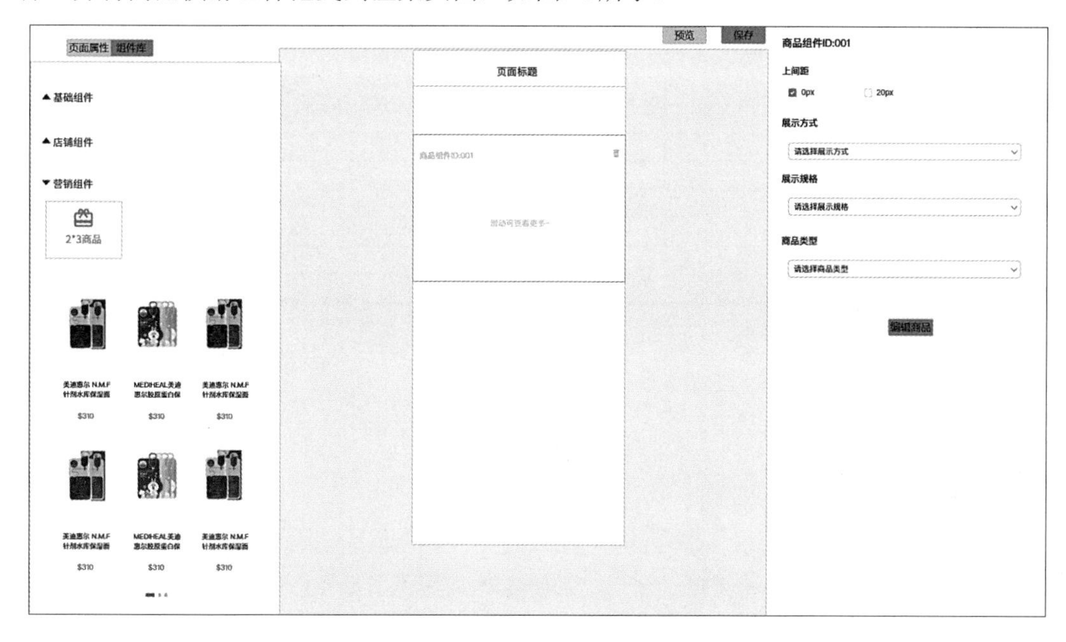

图9-5 商品横滑组件配置

4. 编辑组件基础信息

基础信息是组件配置的核心部分，我们可以在此设置组件的背景颜色和间距等属性。

5. 编辑组件自定义信息

单击“编辑商品”按钮（见图9-5），弹出商品配置列表（见图9-6）。列表中有商品搜索框，用户可以输入商品名称，前端会调用后端商品查询接口进行模糊查询，并返回商品列表信息。用户找到要添加的商品，单击“添加商品”按钮即可将商品添加到已选择的商品列表中。所有商品选择完成后，单击“保存”按钮关闭弹窗，并实时将商品信息展示在商品组件内。添加完一个组件后，我们可以继续添加其他组件，直至完成页面的配置。渲染页面可支持上下滑动，避免组件超出页面而看不到前后的组件。

6. 保存

完成页面配置后，单击“保存”按钮，前端会调用后端保存接口以保存页面配置信息。请求体的结构基本上与我们存储数据的结构类似。具体结构按层级分为页面基础信息、页面布局信息和组件信息，如图9-7所示。

- 页面基础信息：包含页面ID、页面名称、页面类型、启用状态、分享相关信息、创建人、创新时间、更新人、更新时间等。这些信息位于最外层，便于管理后台CMS列表页面展示并以减少了获取数据的深度。

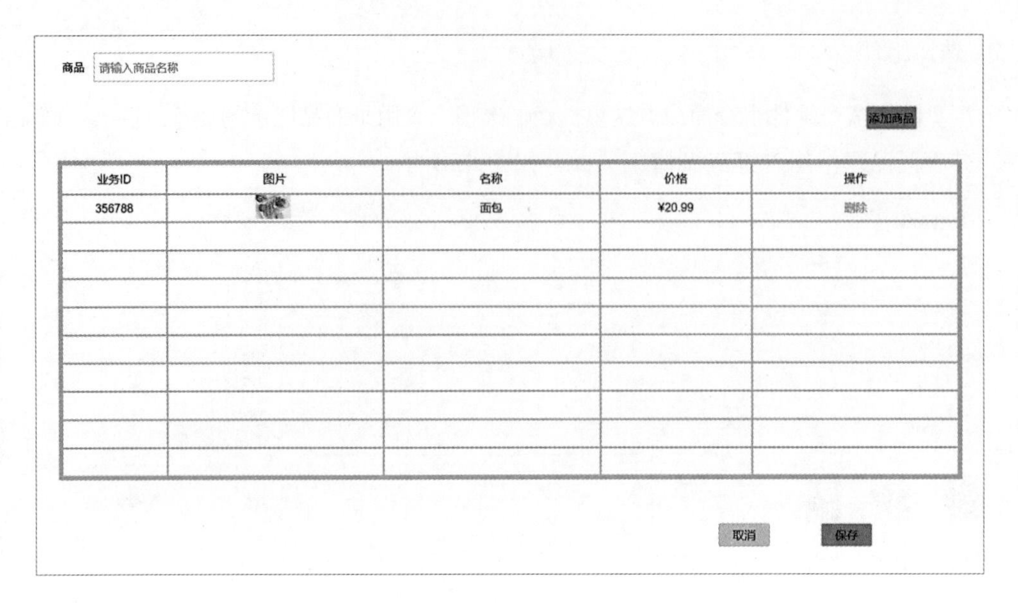

图9-6　商品配置列表

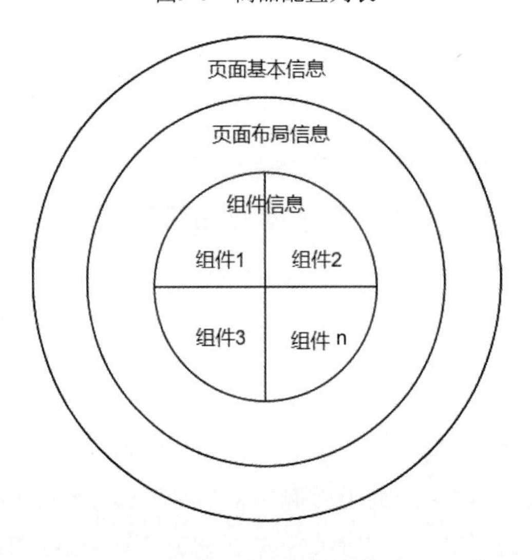

图9-7　请求体的结构

- 页面布局信息：页面布局主要包含页面属性和组件列表。这里的页面属性和最外层页面基础信息结构可能有冗余，之所以这么做，是为了在编辑或查看CMS页面时便于内容回显，同时也方便在C端页面展示时获取数据，无须再次从最外层获取。
- 组件信息：最底层的组件列表保存每个组件的个性化配置信息，包含用户为各个组件配置的基础属性数据（如边距、类型、组件ID、颜色等），还包含前面商品组件配置的商品列表的自定义数据。

我们先创建CMS记录表，用于存储保存的CMS内容。SQL脚本如下：

```
CREATE TABLE `CMS_page_info` (
`id` bigint NOT NULL COMMENT '主键', // 出于安全考虑，id应使用ID生成器生成
`page_name` varchar(80) NOT NULL COMMENT '页面名称',
```

```
  `page_type` varchar(32) NOT NULL COMMENT '页面类型',
  `page_content` text NOT NULL COMMENT '页面内容',
  `status` tinyint NOT NULL COMMENT '状态',
  `create_time` datetime DEFAULT CURRENT_TIMESTAMP COMMENT '创建时间',
  `create_by` varchar(32) DEFAULT NULL COMMENT '创建人',
  `update_time` datetime DEFAULT CURRENT_TIMESTAMP ON UPDATE CURRENT_TIMESTAMP
COMMENT '更新时间',
  `update_by` varchar(32) DEFAULT NULL COMMENT '更新人',
  PRIMARY KEY (`id`)
) ENGINE=InnoDB DEFAULT COMMENT='CMS页面配置';
```

根据数据库字段，创建实体结构。实体结构对象如下：

```
package low_code.CMS;

import java.util.Date;

/**
 * @author LIAOYUBIN1
 * @description
 * @date 2024/05/19
 */
public class CMSPageInfo {
    /**
     * 主键
     */
    private Long id;
    /**
     * 页面名称
     */
    private String pageName;
    /**
     * 页面类型
     */
    private String pageType;
    /**
     * 页面内容
     */
    private String pageContent;
    /**
     * 状态
     */
    private int status;
    /**
     * 创建时间
```

```
 */
private Date createTime;
/**
 * 创建人
 */
private String createBy;
/**
 * 更新时间
 */
private Date updateTime;
/**
 * 更新人
 */
private String updateBy;

public Long getId() {
    return id;
}

public void setId(Long id) {
    this.id = id;
}

public String getPageName() {
    return pageName;
}

public void setPageName(String pageName) {
    this.pageName = pageName;
}

public String getPageType() {
    return pageType;
}

public void setPageType(String pageType) {
    this.pageType = pageType;
}

public String getPageContent() {
    return pageContent;
}

public void setPageContent(String pageContent) {
```

```
        this.pageContent = pageContent;
    }

    public int getStatus() {
        return status;
    }

    public void setStatus(int status) {
        this.status = status;
    }

    public Date getCreateTime() {
        return createTime;
    }

    public void setCreateTime(Date createTime) {
        this.createTime = createTime;
    }

    public String getCreateBy() {
        return createBy;
    }

    public void setCreateBy(String createBy) {
        this.createBy = createBy;
    }

    public Date getUpdateTime() {
        return updateTime;
    }

    public void setUpdateTime(Date updateTime) {
        this.updateTime = updateTime;
    }

    public String getUpdateBy() {
        return updateBy;
    }

    public void setUpdateBy(String updateBy) {
        this.updateBy = updateBy;
    }
}
```

简单模拟一下保存CMS页面的请求JSON数据，方便读者直观理解：

```
{
  "id": 0,
```

```
    "pageName": "pageName_5b64ee303933",
    "pageType": "pageType_6f3aaa96e389",
    "pageContent": "{\"pageName\":\"商品页\",\"pageType\":\"activity\",\"bgColor\":
\"#333333\",\"modules\":[{\"moduleId\":\"1\",\"color\":\"#333333\",\"goodsList\":[
{\"id\":\"1\",\"goodsName\":\"商品1\",\"price\":1.0}]}]}",
    "status": 0,
    "createTime": "2024-05-22 19:22:16",
    "createBy": "createBy_fc10b5359257",
    "updateTime": "2024-05-22 19:22:16",
    "updateBy": "createBy_fc10b5359257"
  }
```

因为存储结构包含的数据量较大，所以在高并发场景下需要考虑性能优化。建议采用数据库加缓存的方案，数据库用于管理后台查看已配置的CMS页面列表；缓存则减少数据库IO，提高查询效率。

7. 生成分享链接

在CMS管理后台的列表页面中，我们可以为刚才新增的记录生成分享链接。生成的链接可分享到微信群私域流量中，也可以配置到App入口中。生成链接的方式包含生成H5链接、小程序链接、生成小程序二维码和H5链接二维码，如图9-8所示。

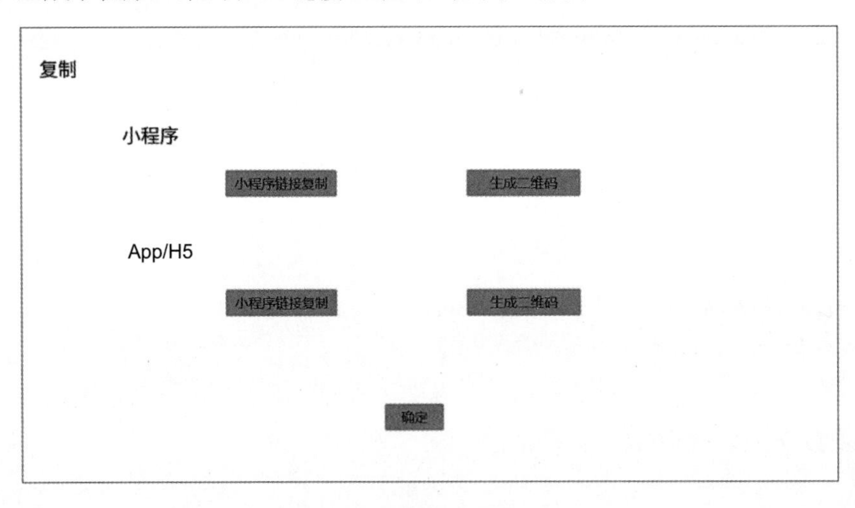

图9-8 生成分享链接及其二维码

我们生成的H5链接结构为：

```
http://www.gogolang.com/pages/CMS?id={该页面id}
```

小程序链接样式为：

```
/pages/CMS?id={该页面id}
```

9.3 CMS客户端交互演示

我们已经生成了一个CMS页面，并通过链接的形式分享给了用户。接下来将介绍用户获取到链接后，点击链接进入页面后的整个交互流程，如图9-9所示。

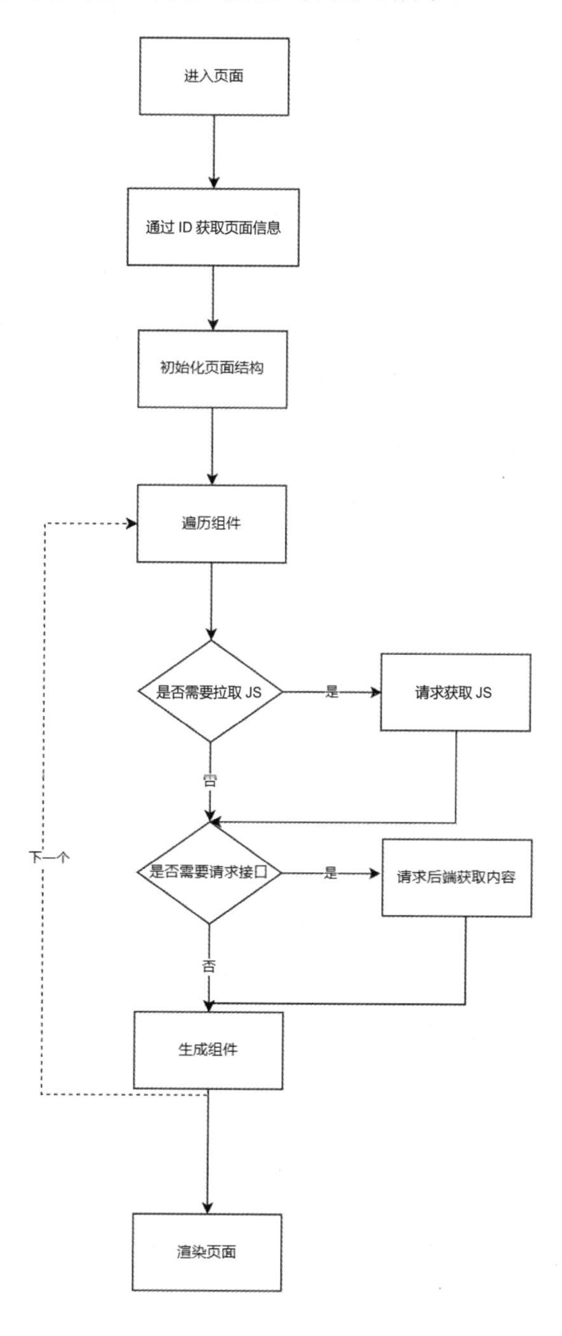

图9-9 进入页面后的整个交互流程

1. 进入页面，获取页面信息

C端用户进入页面后，前端将从链接中获取CMS页面的ID，通过该ID请求后端接口获取存储的页面信息；后端接收到前端请求后，查询数据库中传入指定ID对应的记录，并将结果返回给前端。

2. 初始化页面结构

前端获取到存储的页面信息响应体，解析响应体的页面结构信息，并初始化页面。

3. 遍历组件

在初始化页面的过程中，前端会解析响应体中的组件列表，按顺序遍历每个组件。

4. 生成组件

遍历每个组件时，每个组件都有一个对应的ID。前端通过ID拉取该组件的JS内容，按照JS内容判断是否需要请求后端接口。如果需要请求后端接口，则调用接口获取后端数据。有些接口还需要携带自定义参数，这些自定义参数通常是我们在配置组件时配置的自定义属性。前端获取到组件信息后，最终将它组装成可视化页面组件。

5. 渲染页面

当页面信息和组件信息都获取完毕后，前端将渲染页面并把最终效果展示给用户。

9.4 常见问题解答

问题1 商品列表数据保存在表中，如果期间过期或下架了，怎么办？

在保存CMS页面时，我们会把商品组件中配置的所有商品信息存储到数据库中。在此过程中，并不需要定期更新这些记录。我们只需要在B端展示时调用后台接口，根据商品ID列表再查询一次有效商品，如果商品有效则展示，无效则剔除。类似地，在C端页面展示时，我们不会直接用后端返回的商品列表，而是获取配置的所有商品ID列表，实时查询有效商品信息，并最终进行展示。

问题2 保存页面信息建议用什么数据库存储？

在CMS业务应用中，页面信息的数据库操作无非就是两种：存储和根据ID查找。当然CMS管理后台可能还需要根据一些页面信息进行搜索。前面使用的MySQL可以满足基本需要，MySQL提供了 TEXT、MEDIUMTEXT 和 LONGTEXT 数据类型来存储大文本内容。我们可以通过主键查询记录，如果需要按某个字段进行检索，可以在表中额外增加该字段。以下是一些其他推荐的数据库选项。

1）PostgreSQL

PostgreSQL是一款功能强大的关系数据库，提供了与MySQL类似的文本数据类型（TEXT、VARCHAR(n) 等）。

如果你考虑到未来可能需要更复杂的查询或数据库功能（如全文搜索、复杂的权限管理等），PostgreSQL可能是一个更好的选择。PostgreSQL在事务处理、并发控制和性能方面也表现出色。

2）MongoDB

MongoDB是一个文档型NoSQL数据库，使用BSON（Binary JSON）格式存储数据。在MongoDB中，你可以将大文本内容存储在文档的某个字段中。MongoDB提供灵活的数据模型和强大的查询功能，但它不直接支持全文搜索（除非结合其他工具或插件）。

3）SQLite

SQLite是一个轻量级的嵌入式数据库，支持使用TEXT数据类型存储大文本内容。

SQLite通常用于轻量级应用程序或需要嵌入式数据库的场景，而不是大规模、高性能的文本搜索应用。

4）分布式文件系统

对于超大规模的文件存储和处理需求，可以考虑使用分布式文件系统，如Hadoop HDFS、Amazon S3等。这些系统通常用于存储和处理海量数据，包括大文本文件，但它们不提供像数据库那样的结构化查询功能。

5）其他 NoSQL 数据库

虽然NoSQL数据库通常用于处理非关系数据，但如果你预计数据量非常大，且只需要基于ID进行查找，某些NoSQL数据库（如Cassandra、HBase等）也可能是一个选择。

但是，需要注意的是，这些NoSQL数据库通常具有不同的数据模型和查询语言，因此可能需要调整代码以适应它们。

问题3　页面结构信息和组件信息是固定的吗？

这里声明一下，页面信息和组件信息并不是固定的，后端也不需要约束前端结构。后端只需要在CMSPageInfo的pageContent字段将存储信息暴露给前端就行，具体页面结构和组件要保存什么应以前端定义为主。这样前端可以更灵活地生成自己想要的内容。

问题4　CMS和生成式管理平台是否可以结合使用？

可以。生成式管理平台作为生产数据的地方，能为组件提供各种展示数据。例如，我们可以配置一个商品组件，商品组件中的商品信息可以从管理后台获取，轮播图可以通过管理后台配置等。另外，我们还可以将组件抽象出来，在管理后台定义组件。

第 10 章 实战案例3：营销画布平台

通过学习生成式管理后台和CMS，我们可以把它们串起来，形成一套涵盖B端和C端的低代码平台，这已经能够应对部分业务场景了。本章将通过介绍一个低代码的营销画布平台，来引入另一种低代码设计方案。

10.1 营销画布平台概述

营销画布平台是一种支持营销自动化的工具，允许商家在平台上创建、编排和执行各种营销活动，并通过自动化的方式跟踪和分析活动效果。这种平台通常具有灵活的操作、丰富的数据呈现效果以及稳定的自动化运行等特点，旨在帮助商家实现核心高频场景的自动化运营，节省大量人力资源，并带来增量价值。

例如，有赞商城提供了营销画布功能，支持商家进行多种类型的营销活动，如促销活动、会员积分活动、会员拉新活动等，并能跟踪不同活动类型的数据指标，如成交转化和积分消耗等。同时，该平台还支持商家按网店和门店渠道查看数据，并优化归因选择，帮助商家更全面地了解和分析营销活动的效果。

除有赞商城外，其他一些营销自动化平台也提供了类似的营销画布功能，如帷幄营销自动化平台的“流程画布”功能。这些平台致力于让营销活动的设计和执行更加简便、高效，让运营者的每一个活动策略都有迹可循。

营销画布平台通常具有以下特点。

（1）可视化设计：营销画布平台通过图形化界面展示营销活动的设计和执行流程，使用户能够直观地理解和操作整个营销过程。可视化设计降低了使用门槛，使得非专业的营销人员也能够轻松上手。

（2）自动化执行：平台支持营销活动的自动化执行，可以根据预设规则和计划自动触发营销行为，如发送邮件、推送消息、调整价格等。这样极大地节省了人力成本，提高了营销效率。

（3）数据分析与追踪：营销画布平台提供强大的数据分析功能，能够实时追踪和分析营销活动的效果，包括用户参与度、转化率、ROI等指标。这些数据帮助用户优化营销策略，提高营销效果。

（4）灵活性：平台支持用户根据自身的业务需求和市场环境调整和优化营销策略，灵活设计营销流程和触发条件。这使得用户能够根据实际情况快速响应市场变化，提高市场竞争力。

（5）多渠道整合：营销画布平台通常支持多种营销渠道的整合，如社交媒体、电子邮件、短信、App推送等。这样，用户能够在一个平台上统一管理多个渠道的营销活动，提高营销效率和一致性。

（6）用户友好性：平台提供简单易用的界面和操作流程，降低了用户的学习成本。此外，平台还提供详细的帮助文档和客服支持，确保用户在使用过程中得到及时的帮助和反馈。

（7）安全性与稳定性：营销画布平台通常具备高度的安全性和稳定性，能够保障用户数据的安全和营销活动的正常运行。平台采用先进的加密技术和安全防护措施，确保用户数据不被泄露或滥用。

10.2 组成介绍

在讲解营销画布平台之前，我们先介绍一下它的基本构成。从前端可视化界面的角度来讲，它包含画布窗口和编辑窗口，如图10-1所示；图中左侧的画布窗口为画布图示，初始时会有一个入口策略器；右侧为编辑窗口，支持对每个策略器进行编辑。画布区由策略器和策略器连接线组成，其中策略器分为入口策略器、条件策略器和流程策略器。

- 入口策略器：入口策略器是整个画布的入口，设置了画布的名称、开始时间和结束时间以及人群圈选条件。它是画布初始化时就存在的。
- 条件策略器：条件策略器用于设置上一个策略器进入下一个策略器的条件，它是非必需的。条件策略器中的条件可以通过规则引擎来判断，也可以用预制的判断方法。
- 流程策略器：执行具体的业务动作时，常见的动作包括发放奖励、发送触达消息、生成新的触发器事件。在一个画布中，流程策略器是必须存在的。

从后端的角度来看，画布由定时任务、人群圈选器、触发器、事件接收器、流程执行器等构成，如图10-2所示。

（1）定时任务：在营销画布平台中，定时任务的主要作用是定时查询所有未结束的画布，进行人群的圈选和增量人群的更新，以及定时触发消息的推送。

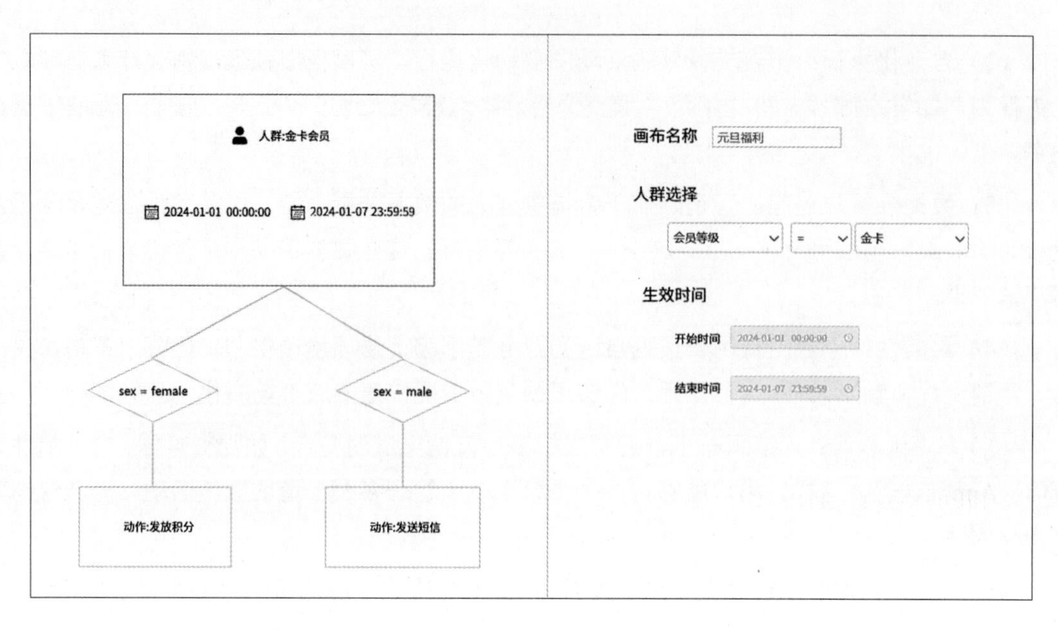

（a）画布窗口　　（b）编辑窗口

图10-1　画布窗口和编辑窗口

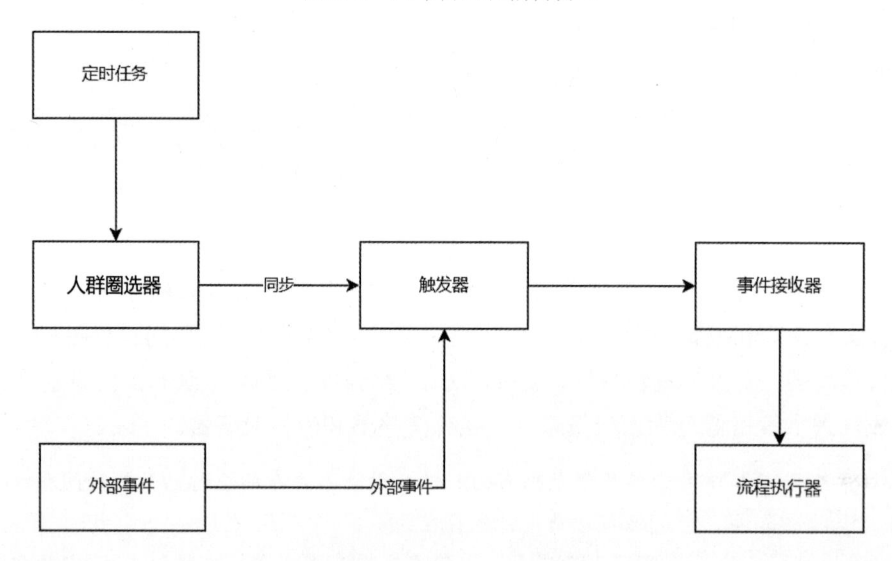

图10-2　营销画布后端组成

（2）人群圈选器：按配置的规则圈定符合要求的用户人群，然后落库生成用户记录。圈选规则通常包括：按条件圈选（如用户等级、用户消费次数、新用户等）；通过Excel上传指定的人群包（如在上传的Excel中指定手机号码或用户ID列表）。

（3）触发器：在营销画布中，触发器的作用是触发画布执行流程的前进，并触发上下层级策略器的切换。在营销画布中，触发器主要用于触发接口调用或发送消息队列。

（4）事件接收器：事件接收器接收所有触发器发放的事件，作为统一事件控制入口，它接收来自消息队列和接口请求的事件。

（5）流程执行器：在接收到事件后，如果通过了事件接收器，流程执行器将执行该流程。

10.3 交　　互

现在，我们接收到一个业务需求：在双十一前一周，需要发起一个奖励活动。对于用户等级为白金的用户，单笔消费超过100元，则赠送500积分；单笔消费超过500元，则赠送价值50元的双十一抵用券；发放奖励后，通过短信通知用户已获得奖励。本节将介绍整个画布的配置流程。

10.3.1　新建画布

我们新建一个画布，新画布初始化时会自动包含一个入口策略器，用于设置画布的起止时间、人群选择和画布名称，如图10-3所示。

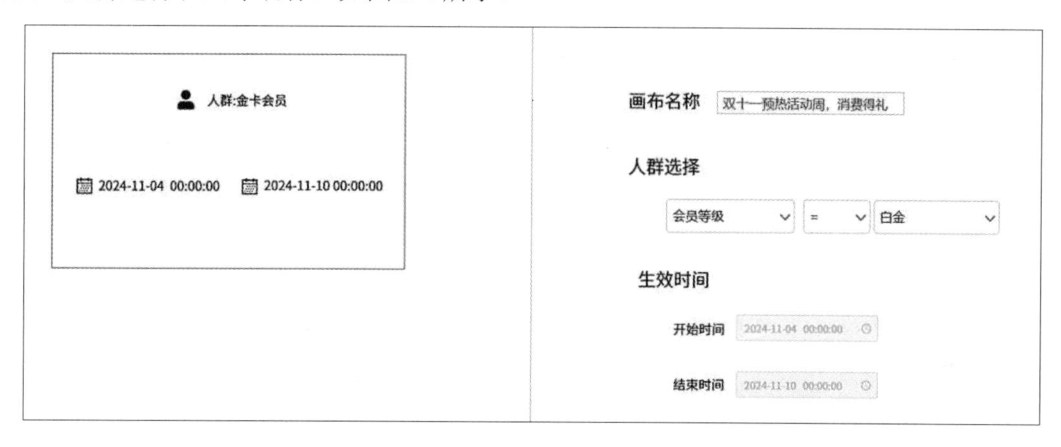

图 10-3　新画布初始化

10.3.2　创建入口策略器

首先，我们编辑入口策略器（假设随机生成的策略器ID为1）。双十一前一周的时间范围为2024年11月04日到2024年11月10日，因此我们将策略器的开始时间配置为“2024年11月04日0点0分0秒”，结束时间为“2024年11月10日23:59:59秒”；然后设置画布名称，命名为“双十一预热活动周，消费得礼”；最后，添加人群包规则，设置为“会员等级=白金等级”。

10.3.3　设置条件策略器

分别添加两个条件策略器，条件策略器2-1（假设随机生成的策略器ID为21）配置了消费金额限制：消费金额>100且消费金额<500；条件策略器2-2（假设随机生成的策略器ID为22）配置了消费金额限制：消费金额≥500，如图10-4所示。

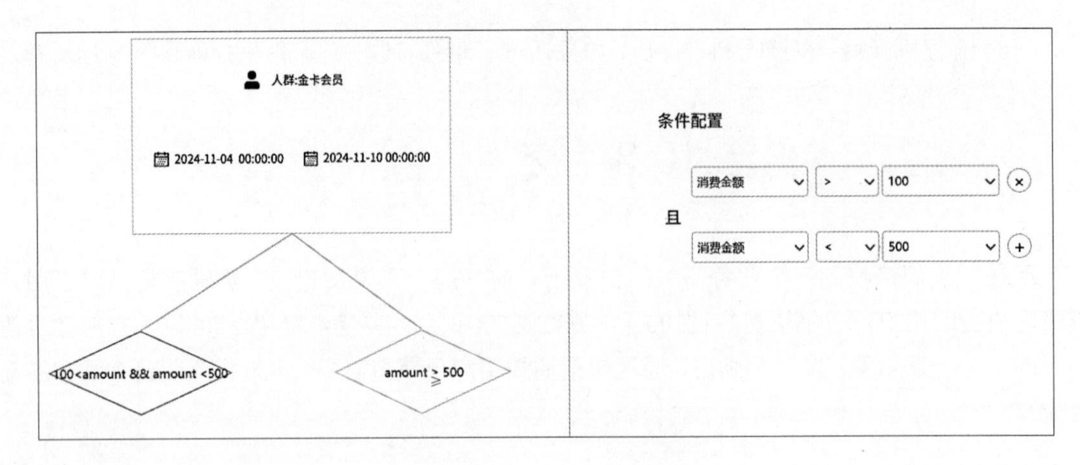

图 10-4　添加两个条件策略器

10.3.4　设置流程策略器：发放奖励

分别在前面添加的两个条件策略器下各添加一个流程策略器，在条件策略器2-1下添加流程策略器2-1-1（假设随机生成的策略器ID为211），内容为发放积分，并设置发放的积分值为500；在条件策略器2-2下添加流程策略器2-2-1（假设随机生成的策略器ID为221），内容为发放500元双十一抵用券，并设置张数为1，如图10-5所示。

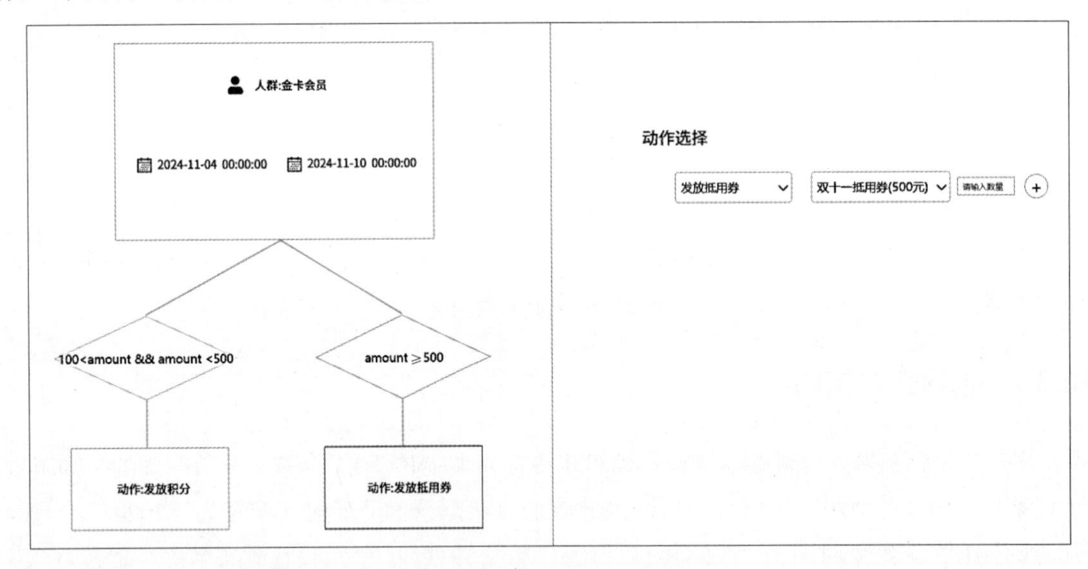

图 10-5　添加两个条件策略器

10.3.5　设置流程策略器：发送短信

在流程策略器2-1-1和2-2-1下，继续分别添加一个流程策略器（假设随机生成的策略器id为2111和2211），并配置内容为发放短信，短信内容设置为："恭喜您获得双十一预热活动消费得礼奖励。"，如图10-6所示。

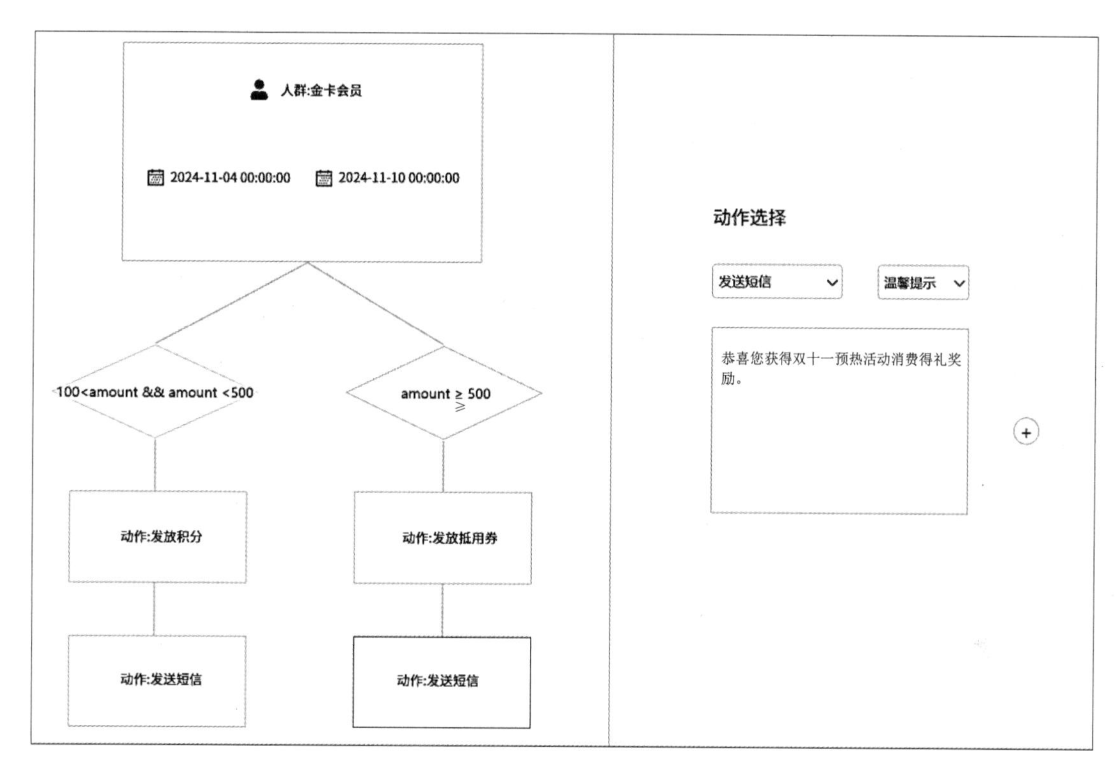

图 10-6　各添加一个流程策略器

10.3.6　保存策略器

保存策略器后，会生成一条画布记录和7条策略器记录，每条记录都会有一个字段记录父级策略器的ID。

画布搭建好之后，我们发现此时要运行起来还缺少两个关键步骤：初始化画布和触发条件策略器。

1. 初始化画布

我们已配置了入口策略器，但如果没有将符合条件的白金用户添加到数据库中，就无法得知用户当前落到哪个策略器。因此，我们需要有一个定时任务，每隔一分钟不断地扫描状态为“未开始”的画布，判断当前这个画布是否已经开始。例如，我们配置了“2024年11月04日0点0分0秒”作为画布开始时间，定时任务将在2024年11月04日0点0分0秒初始化画布。初始化流程会根据入口策略器配置的人群包条件，通过计算得出符合条件的用户，最终将符合条件的这些用户添加到画布用户记录表中。例如，若配置了等级为白金的用户，定时任务会分页查询所有白金等级用户，并将它的记录添加到用户记录表中。添加到用户记录表后，系统将触发一条消息给事件接收器，通知该用户可以继续执行下一层策略器。

2. 条件策略器的触发

在前面讲解生成式管理后台时，我们介绍过触发器，当时我们在字段上绑定了触发器。

当管理后台新增记录时，触发器会触发Groovy脚本来更新指定表字段。然而，管理后台记录的更新不仅限于B端操作，C端用户消费后也可能触发更新。例如，当用户在管理后台系统中新增了订单记录页面，每当用户消费后，会生成一条记录到订单记录页面；如果我们在订单记录页面的金额字段绑定了触发器，每次用户消费时，都会触发一条记录给指定画布的策略器。如果该画布下有多个策略器，那么当用户消费完之后，策略器会接收到消费金额，并根据策略器预设的条件来判断用户的消费金额是否已经满足消费条件。如果满足条件，系统将发放奖励；如果不满足，则忽略。

订单表金额字段绑定触发器的Groovy脚本示例：

```
import com.alibaba.fastjson.JSONObject;
import low_code.CanvasTriggerExcutor;

def methed(JSONObject param){
  //1.获取参数：消费金额
  Long progress=param.getLong("amount");
  String userId=param.getString("userId");
  //2.调用触发器，发送画布ID、用户ID、消费金额
  CanvasTriggerExcutor triggerExcutor=new CanvasTriggerExcutor();
  triggerExcutor.trigger(1,userId,progress);
}
```

10.4 代码实现

通过10.3节的介绍，我们对营销画布的设计有了一个大概的了解。本节将通过代码简单实现一个营销画布平台。

10.4.1 建表

首先，建立3个表：画布记录表、策略器配置表和画布圈选用户表。

- 画布记录表：包含画布id、画布名称、画布开始时间、画布结束时间、人群包规则、画布状态等字段。

```
CREATE TABLE `canvas_info` (
`id` bigint NOT NULL COMMENT '画布id',
`canvas_name` varchar(64)  NOT NULL COMMENT '画布名称',
`start_time` datetime  NOT NULL COMMENT '画布开始时间',
`end_time` datetime  NOT NULL COMMENT '画布结束时间',
`group_rule` varchar(512)  NOT NULL COMMENT '人群包规则',
`status` tinyint  NOT NULL DEFAULT '0' COMMENT '画布状态:0-未开始; 1-运行中; 2-已结
束',
```

```
PRIMARY KEY (`id`)
) ENGINE=InnoDB COMMENT='画布信息';
```

- 策略器配置表：包含策略器id、画布id、策略器类型、父级策略器id、策略器条件相关配置、策略器奖励相关配置、策略器触达相关配置等字段。

```
CREATE TABLE `canvas_strategy` (
`id` bigint NOT NULL COMMENT '主键，策略器id',
`canvas_id` bigint DEFAULT NULL COMMENT '画布id',
`strategy_type` bigint NOT NULL COMMENT '策略器类型：1-条件策略器；2-流程策略器',
`parent_id` bigint DEFAULT NULL COMMENT '父级策略器id',
`condition` varchar(512)  DEFAULT NULL COMMENT '策略器条件相关配置',
`reward` varchar(512)  DEFAULT NULL COMMENT '策略器奖励相关配置',
`message` varchar(512)  DEFAULT NULL COMMENT '策略器触达相关配置',
PRIMARY KEY (`id`),
KEY `idx_parent_id` (`parent_id`)
) ENGINE=InnoDB COMMENT='画布策略器配置';
```

- 画布圈选用户表：包含画布id、用户id、当前策略器id、当前策略器状态、用户进度值。

```
CREATE TABLE `canvas_user` (
`id` bigint NOT NULL COMMENT '主键',
`canvas_id` bigint NOT NULL COMMENT '画布id',
`user_id` bigint NOT NULL COMMENT '用户id',
`current_strategy_id` bigint NOT NULL COMMENT '当前策略器id',
`current_status` tinyint(1) NOT NULL DEFAULT '0' COMMENT '当前策略器状态：0-执行不成功，等待重试；1-执行成功',
`progress` bigint DEFAULT NULL COMMENT '用户进度值，累计消费等条件需要存储当前消费总额',
PRIMARY KEY (`id`),
UNIQUE KEY `uk_canvasId_userId` (`canvas_id`,`user_id`),
KEY `idx_strategyId_userId` (`user_id`,`current_strategy_id`)
) ENGINE=InnoDB COMMENT='画布圈选用户表';
```

以上3个表是最基础的表。如果需要额外记录发放奖励情况，建议创建一个奖励发放记录表；如果需要记录短信发放情况，则需要创建一个短信发放记录表；如果需要给画布增加审批流程，则需要增加审批表。

10.4.2 搭建对象

通过canvas_info表创建画布实体对象，代码如下：

```
package com.alialiso.MyDemo.low_code.canvas.entity;
import java.util.Date;
/**
 * @author LIAOYUBIN1
 * @description 画布信息
```

```
 * @date 2024/05/19
 */
public class CanvasInfo {
    /**
     * 画布id
     */
    private Long id;
    /**
     * 画布名称
     */
    private String canvasName;
    /**
     * 开始时间
     */
    private Date startTime;
    /**
     * 结束时间
     */
    private Date endTime;
    /**
     * 人群包规则
     */
    private String groupRule;
    /**
     * 画布状态:0-未开始; 1-运行中; 2-已结束
     */
    private int status;
    public Long getId() {
        return id;
    }
    public void setId(Long id) {
        this.id = id;
    }
    public String getCanvasName() {
        return canvasName;
    }
    public void setCanvasName(String canvasName) {
        this.canvasName = canvasName;
    }
    public Date getStartTime() {
        return startTime;
    }
    public void setStartTime(Date startTime) {
        this.startTime = startTime;
```

```
    }
    public Date getEndTime() {
        return endTime;
    }
    public void setEndTime(Date endTime) {
        this.endTime = endTime;
    }
    public String getGroupRule() {
        return groupRule;
    }
    public void setGroupRule(String groupRule) {
        this.groupRule = groupRule;
    }
    public int getStatus() {
        return status;
    }
    public void setStatus(int status) {
        this.status = status;
    }
}
```

通过canvas_strategy策略器表创建策略器实体对象，代码如下：

```
package com.alialiso.MyDemo.low_code.canvas.entity;
import java.util.Date;
/**
 * @author LIAOYUBIN1
 * @description 画布策略器信息
 * @date 2024/05/19
 */
public class CanvasStrategy {
    /**
     * 策略器id
     */
    private Long id;
    /**
     * 画布id
     */
    private Long canvasId;
    /**
     * 策略器类型：1.条件策略器；2.流程策略器
     */
    private int strategyType;
    /**
     * 父级策略id
```

```
     */
    private Long parentId;
    /**
     * 条件相关配置
     */
    private String condition;
    /**
     * 奖励相关配置
     */
    private String reward;
    /**
     * 触达相关配置
     */
    private String message;
    public Long getId() {
        return id;
    }
    public void setId(Long id) {
        this.id = id;
    }
    public Long getCanvasId() {
        return canvasId;
    }
    public void setCanvasId(Long canvasId) {
        this.canvasId = canvasId;
    }
    public int getStrategyType() {
        return strategyType;
    }
    public void setStrategyType(int strategyType) {
        this.strategyType = strategyType;
    }
    public Long getParentId() {
        return parentId;
    }
    public void setParentId(Long parentId) {
        this.parentId = parentId;
    }
    public String getCondition() {
        return condition;
    }
    public void setCondition(String condition) {
        this.condition = condition;
    }
```

```
    public String getReward() {
        return reward;
    }
    public void setReward(String reward) {
        this.reward = reward;
    }
    public String getMessage() {
        return message;
    }
    public void setMessage(String message) {
        this.message = message;
    }
}
```

通过canvas_user表创建画布圈选用户实体对象，代码如下：

```
package com.alialiso.MyDemo.low_code.canvas.entity;
/**
 * @author LIAOYUBIN1
 * @description 画布圈选用户
 * @date 2024/05/19
 */
public class CanvasUser {
    /**
     * 主键
     */
    private Long id;
    /**
     * 画布id
     */
    private Long canvasId;
    /**
     * 用户id
     */
    private String userId;
    /**
     * 当前策略器
     */
    private Long currentStrategyId;
    /**
     * 当前状态: 0-执行不成功, 等待重试; 1-执行成功
     */
    private int currentStatus;
    /**
     * 用户进度值，累计消费等条件需要存储当前消费总额
```

```
     */
    private String progress;
    public Long getId() {
        return id;
    }
    public void setId(Long id) {
        this.id = id;
    }
    public Long getCanvasId() {
        return canvasId;
    }
    public void setCanvasId(Long canvasId) {
        this.canvasId = canvasId;
    }
    public String getUserId() {
        return userId;
    }
    public void setUserId(String userId) {
        this.userId = userId;
    }
    public Long getCurrentStrategyId() {
        return currentStrategyId;
    }
    public void setCurrentStrategyId(Long currentStrategyId) {
        this.currentStrategyId = currentStrategyId;
    }
    public int getCurrentStatus() {
        return currentStatus;
    }
    public void setCurrentStatus(int currentStatus) {
        this.currentStatus = currentStatus;
    }
    public String getProgress() {
        return progress;
    }
    public void setProgress(String progress) {
        this.progress = progress;
    }
}
```

10.4.3 模拟添加一个营销画布

创建完实体对象后，我们将模拟添加一个营销画布，步骤说明如下：

（1）创建controller，提供添加营销画布的接口方案。

```
package com.alialiso.MyDemo.low_code.canvas;
import org.springframework.stereotype.Controller;
import org.springframework.web.bind.annotation.RequestBody;
import org.springframework.web.bind.annotation.RequestMapping;
import org.springframework.web.bind.annotation.ResponseBody;
import javax.annotation.Resource;
import java.util.*;
/**
 * @author LIAOYUBIN1
 * @description
 * @date 2024/05/25
 */
@Controller
public class CanvasController {
    @Resource
    private CanvasService canvasService;
    // 插入一条营销画布信息
    @RequestMapping("saveCanvas")
    @ResponseBody
    public void saveCanvas(@RequestBody Map<String, Object> param) {
        canvasService.saveCanvas(param);
    }
}
```

（2）创建一个service，提供保存营销画布的方法saveCanvas。该方法将前端传入的营销画布信息插入canvas_info表，并将策略器信息逐一插入canvas_strategy策略器表。

```
package com.alialiso.MyDemo.low_code.canvas;
import com.alialiso.MyDemo.low_code.canvas.entity.CanvasInfo;
import com.alialiso.MyDemo.low_code.canvas.entity.CanvasStrategy;
import com.alialiso.MyDemo.low_code.canvas.entity.CanvasUser;
import com.alibaba.fastjson.JSONArray;
import com.alibaba.fastjson.JSONObject;
import com.google.common.collect.Lists;
import com.google.common.collect.Maps;
import org.springframework.stereotype.Service;
import org.springframework.web.bind.annotation.RequestBody;
import java.util.*;
/**
 * @author LIAOYUBIN1
 * @description
 * @date 2024/05/25
 */
```

```
@Service
public class CanvasService {
    // 营销画布表
    private static Map<Long,CanvasInfo> canvasMap = Maps.newHashMap();
    // 营销画布策略器表
    private static Map<Long,CanvasStrategy> strategyMap = Maps.newHashMap();
    private static Map<Long,List<CanvasStrategy>> parentIdMap =
Maps.newHashMap();
    // 营销画布圈选用户表
    private static Map<String,CanvasUser> canvasUserMap = Maps.newHashMap();
    // 保存营销画布
    public void saveCanvas(@RequestBody Map<String, Object> param) {
        // 模拟把营销画布插入canvas_info
        String canvasInfoStr = JSONObject.toJSONString(param.get("canvasInfo"));
        CanvasInfo canvasInfo = JSONObject.parseObject(canvasInfoStr,
CanvasInfo.class);
        canvasMap.put(canvasInfo.getId(),canvasInfo);
        System.out.println("插入画布成功: "+canvasInfoStr);
        // 模拟把所有策略器插入canvas_strategy表
        String strategyListStr =
JSONObject.toJSONString(param.get("strategyList"));
        List<CanvasStrategy> strategyList = JSONArray.parseArray(strategyListStr,
CanvasStrategy.class);
        for (CanvasStrategy canvasStrategy : strategyList) {
            Long parentId = canvasStrategy.getParentId();
            List<CanvasStrategy> targetStrategyList =
parentIdMap.containsKey(parentId)?
                    parentIdMap.get(parentId):Lists.newLinkedList();
            targetStrategyList.add(canvasStrategy);
            parentIdMap.put(parentId,targetStrategyList);
            strategyMap.put(canvasStrategy.getId(),canvasStrategy);
        }
        System.out.println("插入所有策略器成功: "+JSONObject.toJSONString(parentIdMap));
    }
    // 模拟随机生成uuid的方法
    private static Long generatorId() {
        return Long.valueOf(System.currentTimeMillis()+""+new
Random().nextInt(9999));
    }
}
```

（3）前端调用后端保存接口，保存营销画布信息。

```
http://localhost:80/saveCanvas
{
```

```
  "canvasInfo": {
    "canvasName": "双十一预热活动周，消费得礼",
    "endTime": 1716513002928,
    "groupRule": "{\"cardLevel\":\"platinum\"}",
    "id": 17165130029277985,
    "startTime": 1716513002928,
    "status": 0
  },
  "strategyList": [
    {
      "canvasId": 17165130029277985,
      "condition": "progress \u003e 100 \u0026\u0026 progress \u003c 500",
      "id": 17165130029312055,
      "parentId": 17165130029277985,
      "strategyType": 1
    },
    {
      "canvasId": 17165130029277985,
      "condition": "progress \u003e 500",
      "id": 17165130029316003,
      "parentId": 17165130029277985,
      "strategyType": 1
    },
    {
      "canvasId": 17165130029277985,
      "id": 17165130029324303,
      "parentId": 17165130029312055,
      "reward": "发放积分奖励",
      "strategyType": 2
    },
    {
      "canvasId": 17165130029277985,
      "id": 17165130029327775,
      "parentId": 17165130029316003,
      "reward": "发放券奖励",
      "strategyType": 2
    },
    {
      "canvasId": 17165130029277985,
      "id": 17165130029322521,
      "parentId": 17165130029324303,
      "reward": "发送短信成功",
      "strategyType": 2
    },
```

```
    {
      "canvasId": 17165130029277985,
      "id": 1716513002932404,
      "parentId": 17165130029327775,
      "reward": "发送短信成功",
      "strategyType": 2
    }
  ]
}
```

（4）程序成功地将营销画布信息和策略器信息保存到数据库中，并在控制台打印如下内容：

```
    插入画布成功：{"canvasName":"双十一预热活动周，消费得礼","endTime":1716513002928,
"groupRule":"{\"cardLevel\":\"platinum\"}","id":17165130029277985,
"startTime":1716513002928,"status":0}
    插入所有策略器成功：{17165130029324303:[{"canvasId":17165130029277985,
"id":17165130029322521,"parentId":17165130029324303,"reward":"发送短信成功",
"strategyType":2}],17165130029327775:[{"canvasId":17165130029277985,
"id":1716513002932404,"parentId":17165130029327775,"reward":"发送短信成功",
"strategyType":2}],17165130029312055:[{"canvasId":17165130029277985,
"id":17165130029324303,"parentId":17165130029312055,"reward":"发放积分奖励",
"strategyType":2}],17165130029316003: [{"canvasId":17165130029277985,
"id":17165130029327775,"parentId":17165130029316003,"reward":"发放券奖励",
"strategyType":2}],17165130029277985:[{"canvasId":17165130029277985,
"condition":"progress > 100 && progress < 500","id":17165130029312055,
"parentId":17165130029277985,"strategyType":1},{"canvasId":17165130029277985,
"condition":"progress > 500","id":17165130029316003,"parentId":17165130029277985,
"strategyType":1}]}
```

10.4.4 模拟初始化营销画布

前面已经完成了添加一个营销画布的代码，现在我们需要让营销画布运行起来。因此，我们需要一个定时任务来触发营销画布人群的圈选。

（1）创建一个Job。Job的频率设置为每分钟执行一次，但建议将间隔调大一点，例如每隔20分钟执行一次，因为1分钟可能不足以执行完所有营销画布的圈选任务。另外，还要加上分布式锁，以避免重复执行。

```
package com.alialiso.MyDemo.low_code.canvas;
import org.springframework.scheduling.annotation.Scheduled;
import org.springframework.stereotype.Component;
import javax.annotation.Resource;
/**
```

```
 * @author LIAOYUBIN1
 * @description 定时执行初始化
 * @date 2024/05/25
 */
@Component
public class CanvasJob {
    @Resource
    private CanvasService canvasService;
    @Scheduled(cron = "0 0/1 * * * ?")
    public void initCanvasJob() {
        canvasService.initCanvas();
    }
}
```

（2）在CanvasService中新建initCanvas方法，实现Job的执行逻辑。该方法会先查询Job间隔时间内所有营销画布状态为未运行且已达到生效时间的营销画布；然后遍历每个营销画布，取出营销画布人群的圈选条件；接着根据圈选条件查询满足条件的用户；最后将这些用户保存到营销画布圈选用户表canvas_user中，并发送触发器事件，让用户流程继续至下一个策略器。

```
// 初始化营销画布
public void initCanvas() {
    System.out.println("开始执行初始化营销画布定时任务");
    // 1.查询所有状态为未运行且已生效的任务
    List<CanvasInfo> canvasInfos = queryReadyCanvas();
    for (CanvasInfo canvasInfo : canvasInfos) {
        // 2.接下来圈选人群落库
        // 2.1 查询人群圈选条件
        String groupRule = canvasInfo.getGroupRule();
        Map<String, String> map = JSONObject.parseObject(groupRule, Map.class);
        // 2.2 如果是等级条件，则查询符合等级要求的用户
        if (map.containsKey("cardLevel")) {
            String cardLevel = map.get("cardLevel");
            List<String> userIds = queryUserByCardLevel(cardLevel);
            // 3.将符合条件的用户存储到画布圈选用户表中
            for (String userId : userIds) {
                CanvasUser canvasUser = saveCanvasUser(canvasInfo, userId);
                // 4.初始化完毕，触发事件执行下一层级策略器流程
                //eventExcutor(canvasUser);
            }
            ;
        }
    }
    System.out.println("初始化营销画布定时任务执行完毕，生成圈选用户记录数：" +
canvasUserMap.size());
```

```
    }

    // 将符合条件的用户存储到画布圈选用户表中
    private CanvasUser saveCanvasUser(CanvasInfo canvasInfo, String userId) {
        CanvasUser canvasUser = new CanvasUser();
        canvasUser.setId(generatorId());
        canvasUser.setUserId(userId);
        canvasUser.setCanvasId(canvasInfo.getId());
        canvasUser.setCurrentStatus(1);// 执行成功
        canvasUser.setCurrentStrategyId(canvasInfo.getId());
        return canvasUser;
    }

    // 通过卡级查询所有符合条件的用户信息
    private List<String> queryUserByCardLevel(String cardLevel) {
        return Arrays.asList("zhangsan");
    }
```

（3）启动程序后，Job在预期的时间顺利地在控制台打印出以下内容：

```
开始执行初始化营销画布定时任务
初始化营销画布定时任务执行完毕，生成圈选用户记录数：1
```

10.4.5 创建事件处理器

前面我们提到，营销画布圈选完人群后，会发送触发器事件，让用户流程继续至下一个策略器。该触发器事件可以通过消息队列的形式异步通知事件处理器，也可以通过接口的形式直接调用事件处理器。不过，在初始化过程中，如果采取调用接口同步的方式，会导致线程阻塞，并增加线程处理时间。事件处理器是流程执行器的入口，它决定了接下来流程执行器由哪个策略器执行。为了演示，我们选择直接调用事件处理器来触发流程。

我们编写一个事件处理器，事件处理器主要用于接收触发器事件，并将接收的事件内容封装成流程执行器需要的请求内容，最后调用流程执行器执行流程，源代码如下：

```
    // 事件处理器
    public void eventExcutor(CanvasUser canvasUser) {
        // 封装即将执行的用户初始流程
        CanvasUser old = canvasUserMap.get(canvasUser.getCanvasId() + ":" +
canvasUser.getUserId());
        CanvasUser target = new CanvasUser();
        target.setCurrentStrategyId(old.getCurrentStrategyId());
        target.setCurrentStatus(old.getCurrentStatus());
        target.setCanvasId(old.getCanvasId());
        target.setUserId(old.getUserId());
```

```
        target.setProgress(canvasUser.getProgress());
        // 调用流程处理器
        processExcutor(target);
    }
```

10.4.6 创建流程执行器

流程执行器的作用是执行单个用户所在的策略器的动作，不同的策略器执行的动作不一致。如果是入口策略器，则会将当前用户重新插入圈选用户表canvas_user；如果是条件策略器，则会进行规则判断；如果是执行策略器，则会执行该策略器设置的动作，例如发放奖励或发短信。策略器执行完成后，会获取下一层级策略器，并判断是否符合进入下一层级策略器的条件。如果符合条件，则会执行下一层级策略器；如果不符合条件，则会结束当前流程。

```
    // 流程执行器
    public void processExcutor(CanvasUser canvasUser) {
        System.out.println(canvasUser.getUserId()+"当前执行策略器为:
"+canvasUser.getCurrentStrategyId());
        Long canvasId = canvasUser.getCanvasId();
        int currentStatus = canvasUser.getCurrentStatus();
        CanvasInfo canvasInfo = canvasMap.get(canvasId);
        // 1.执行当前策略器流程（也可进行重试）
        if (0 == currentStatus){// 此处状态值建议替换成枚举类
            // 1.1 如果是入口策略器
            if(canvasUser.getCurrentStrategyId().equals(canvasUser.getCanvasId())){
                // 重新插入用户记录，用于外部触发插入事件
                saveCanvasUser(canvasInfo,canvasUser.getUserId());
                currentStatus = 1;
            }else{// 1.2 非入口策略器
                CanvasStrategy currentStrategy =
strategyMap.get(canvasUser.getCurrentStrategyId());
                // 1.2.1 执行策略器动作
                boolean success  = doStrategy(canvasUser,currentStrategy);
                if (!success){
                    // 执行失败终止，等待重试
                    System.out.println(canvasUser.getUserId()+"校验
"+currentStrategy.getId()+"条件策略器校验不通过");
                    return;
                }
                // 1.2.2 更新当前用户状态
                currentStatus = 1;
                // 1.2.3 更新数据库用户策略器状态和当前策略器
                CanvasUser newCanvasUser = canvasUserMap.get(canvasInfo.getId() + ":"
+ canvasUser.getUserId());
```

```
            newCanvasUser.setCurrentStrategyId(canvasUser.
getCurrentStrategyId());
            newCanvasUser.setCurrentStatus(currentStatus);
            System.out.println(canvasUser.getUserId()+"策略器执行通过:
"+canvasUser.getCurrentStrategyId());
        }
    }
    // 2.完成当前策略器流程，执行子策略器
    if (1 == currentStatus){
        List<CanvasStrategy> childStrategyList =
parentIdMap.get(canvasUser.getCurrentStrategyId());
        // 如果该分支下已经没有子策略器了，则终止执行
        if (CollUtil.isEmpty(childStrategyList)){
            System.out.println(canvasUser.getUserId()+"分支流程执行完毕");
            return;
        }
        // 如果该分支下还有子策略器，则递归执行
        for (CanvasStrategy childStrategy : childStrategyList) {
            canvasUser.setCurrentStatus(0);
            canvasUser.setCurrentStrategyId(childStrategy.getId());
            processExcutor(canvasUser);
        }
    }
}
// 执行策略器动作
private boolean doStrategy(CanvasUser canvasUser, CanvasStrategy currentStrategy) {
    // 1. 如果是1-条件策略器
    if (1 == currentStrategy.getStrategyType()){// 请用枚举
        Long progress = canvasUser.getProgress();
        if (progress == null){
            return false;
        }
        // 通过Aviator执行结果
        Expression compiledExp =
AviatorEvaluator.compile(currentStrategy.getCondition());
        Map<String, Object> env = new HashMap<>();
        env.put("progress", progress);
        Boolean execute = (Boolean) compiledExp.execute(env);
        System.out.println(String.format("%s用户%s策略器执行结果为%s,执行内
容: %s",canvasUser.getUserId(),currentStrategy.getId(),execute,currentStrategy.get
Condition()));
        return (Boolean)compiledExp.execute(env);
    }
```

```
        // 2. 如果是2 - 流程策略器，则发放奖励流程
        if (StringUtils.isNotBlank(currentStrategy.getReward())){
            // TODO 执行发放奖励逻辑
            System.out.println(canvasUser.getUserId()+currentStrategy.getReward());
            return true;
        }
        // 3. 如果是2 - 流程策略器，则消息触发流程
        if (StringUtils.isNotBlank(currentStrategy.getMessage())){
            // TODO执行发送消息逻辑
            System.out.println(canvasUser.getUserId() +
currentStrategy.getMessage());
            return true;
        }
        return false;
    }
```

10.4.7　重新初始化 Job

我们放开eventExcutor(canvasUser)方法的注释，重新执行一次Job。此时，当zhangsan到达条件策略器时，因为不符合规则引擎条件，终止继续走下去。

```
zhangsan当前执行策略器为: 17165130029277985
zhangsan当前执行策略器为: 17165130029312055
zhangsan校验17165130029312055条件策略器校验不通过
zhangsan当前执行策略器为: 17165130029316003
zhangsan校验17165130029316003条件策略器校验不通过
初始化营销画布定时任务执行完毕,生成圈选用户记录数: 1
```

10.4.8　构建触发器

如果需要让zhangsan继续走完策略器，则需要进行一笔消费，然后通过触发器将消费金额传递给事件处理器，再执行一次规则引擎校验。

我们先创建一个触发器，用于提供给接口或Groovy触发。

```
package com.alialiso.MyDemo.low_code.canvas;
import com.alialiso.MyDemo.low_code.canvas.entity.CanvasUser;
import org.springframework.stereotype.Component;
import javax.annotation.Resource;
/**
 * @author LIAOYUBIN1
 * @description
 * @date 2024/05/25
 */
```

```
@Component
public class CanvasTrigger {
    @Resource
    private CanvasService canvasService;
    public void trigger(Long canvasId,String userId,Long progress) {
        CanvasUser canvasUser = new CanvasUser();
        canvasUser.setCanvasId(canvasId);
        canvasUser.setUserId(userId);
        canvasUser.setProgress(progress);
        canvasService.eventExcutor(canvasUser);
    }
}
```

10.4.9 模拟用户消费

触发器有了，接下来需要模拟用户张三进行一笔金额为600元的消费。这里我们将直接通过接口的形式来触发CanvasTrigger触发器。通过触发器，我们将目标策略器、用户和消费金额同步给事件处理器。

```
// 触发 POST: http://localhost:80/trigger
@RequestMapping("trigger")
@ResponseBody
public void trigger() {
    canvasTrigger.trigger(17165130029277985L,"zhangsan",600L);
}
```

触发请求后，zhangsan已满足规则引擎的校验，成功通过了条件策略器，然后顺利地进入发放奖励的流程策略器，最后进入发放短信的流程策略器。此时，我们可以通过控制台看到执行的完整流程：

```
    zhangsan当前执行策略器为: 17165130029277985
    zhangsan当前执行策略器为: 17165130029312055
    zhangsan用户17165130029312055策略器执行结果为false,执行内容: progress > 100 &&
progress < 500
    zhangsan校验17165130029312055条件策略器校验不通过
    zhangsan当前执行策略器为: 17165130029316003
    zhangsan用户17165130029316003策略器执行结果为true,执行内容: progress > 500
    zhangsan策略器执行通过: 17165130029316003
    zhangsan当前执行策略器为: 17165130029327775
    zhangsan发放券奖励
    zhangsan策略器执行通过: 17165130029327775
    zhangsan当前执行策略器为: 1716513002932404
    zhangsan发送短信成功
```

```
zhangsan策略器执行通过：1716513002932404
zhangsan分支流程执行完毕
```

10.5　常见问题解答

问题1　圈选的卡级经常变动，如何处理升级用户无法圈选的情况？

本案例设计的入口策略是一次性的。当所有白金用户被圈入营销画布圈选用户表后，假如有新的用户升级至白金等级，这些新升级的用户将不会自动纳入画布人群。如果需要实现增量更新，可以在画布中增加一个类型，用于区分是一次性画布类型还是动态画布类型，如图10-7所示。然后，我们可以新建一个定时任务，定期扫描所有类型为动态画布的营销画布，计算并圈出在上一个定时任务与当前定时任务之间新增的符合条件的用户。最终，将这些用户插入圈选用户表中，并触发后续流程。

问题2　如何减少重复创建相同类型画布的工作？

营销画布的活动类（例如抽奖、任务类型等）整体结构相对固定。如果每次创建任务类活动时都需要重新搭建相同的层级和节点，既费时又费力。为了解决这个问题，我们可以在前端预制固定的层级和节点模板。用户选择模板后，前端将自动初始化并渲染一模一样的层级和节点，显著减少操作人员的工作量。

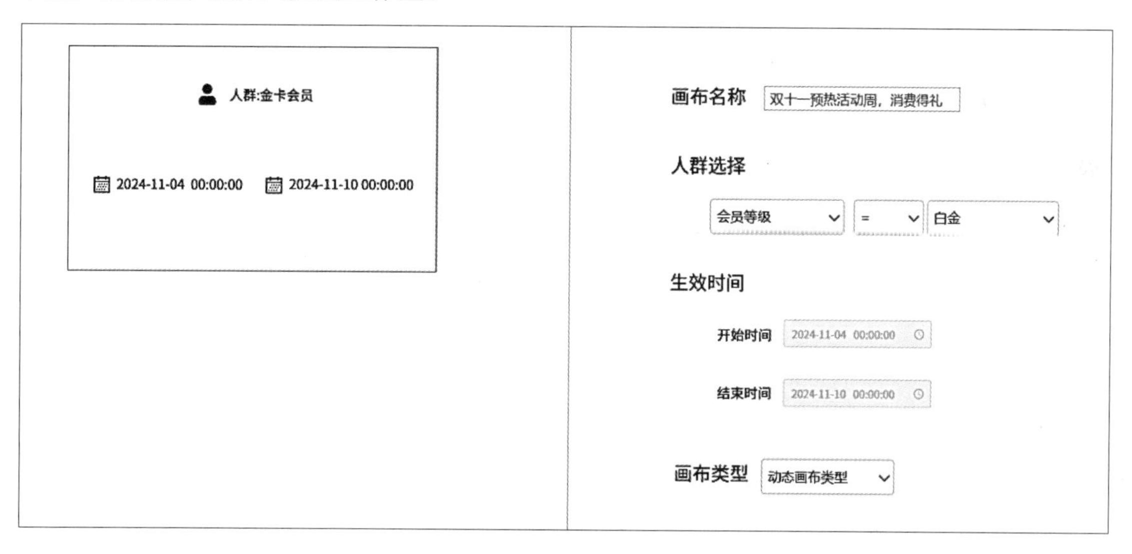

图 10-7　给画布增加一个类型

问题3　如何压缩营销画布的层级？

在前面的案例中，整个流程涉及4个节点层级：入口→条件判断→发放奖励→触达通知，层级深度尚可接受。如果层级达到5层以上，则既不利于页面展示，也不利于编辑，对操作人员非常不友好。因此，市面上许多营销画布采用将多个层级组合为单一层级的方式。例如，将条件策略器、发放奖励的流程策略器、触达流程策略器合并为一个策略器，这样整个流程只需两层。一旦用户满足条件策略器，便可直接执行奖励发放和触达，无须进入下一层级。图10-8展示了这一优化方法。

要实现该能力，可以将画布用户表中的current_status字段改为action动作，表示用户在当前策略器中的状态。例如，动作1表示策略器，动作2表示发放奖励，动作3表示触达，动作4表示执行完毕。然后，在processExcutor方法中修改判断逻辑，将原本根据currentStatus值的判断方式改为根据action值执行相应的逻辑。每次执行完当前动作后，便指向下一个动作，直至流程结束。如果未完成便退出，后续的定时任务会从上一次中段的动作继续执行。

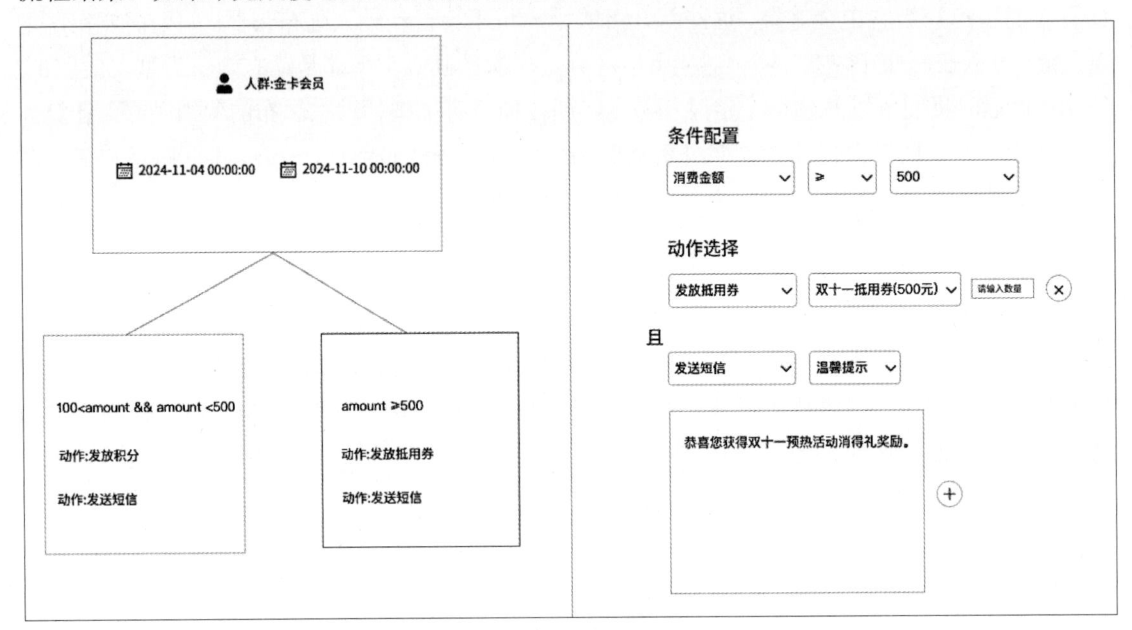

图 10-8　满足条件策略器可直接执行动作

问题4　营销画布设计方案的其他用法：代码逻辑与流程引擎。

代码逻辑通常通过流程图来展示，而营销画布的设计本质上也是一种流程图。我们是否可以将营销画布的这种设计方式应用于代码逻辑的实现呢？例如，前面讲解的生成式管理后台，实际上是一个简单的配置和展示系统，它的逻辑是依赖绑定的Groovy脚本间接实现的。如果我们需要添加更复杂的逻辑，这种方法就显得捉襟见肘。如果换个思路，管理后台页面的字段不仅可以绑定Groovy脚本，还可以绑定流程图，那么复杂的业务逻辑就能迎刃而解。此外，营销画布的设计还可以运用在流程引擎上，帮助我们自定义实现一个流程引擎。

第 11 章 实战案例4：统一接口网关

在企业级应用中，与外部系统的交互是必不可少的功能。低代码平台凭借灵活的库表设计和低代码需求，需要通过统一的标准接口网关来减少频繁的接口对接与开发。本章将分享一个统一接口网关的设计案例，希望通过本章的抛砖引玉，帮助读者设计出更贴合企业低代码平台的统一接口网关，从而减少与外部系统交互时频繁的对接与联调，避免不必要的资源消耗。

11.1 统一接口网关概述

统一接口网关（Unified Interface Gateway）是网络架构中起到关键作用的组件，主要负责将不同来源的请求统一到一个接口上，并对其进行处理、路由和转发。

1. 主要功能

1）请求统一接口

- 提供统一的接口，接收来自不同客户端（如Web、移动应用、API调用者等）的请求。
- 通过标准化的接口协议（如HTTP/HTTPS），简化客户端与服务端之间的交互。

2）服务路由与负载均衡

- 根据预设的路由规则，将请求转发到后端服务。
- 实现负载均衡，确保后端服务集群中的每个服务能得到合理的请求分配。
- 支持多种负载均衡策略，如轮询、随机、最少连接数等。

3）请求处理与转换

- 对接收到的请求进行解析、验证和转换，确保请求符合后端服务的处理要求。

- 支持多种请求格式（如JSON、XML等）的转换和适配。

4）请求限流与保护

- 通过设置限流规则，控制请求速率和数量，避免后端服务过载。
- 提供熔断、降级等容错机制，确保系统在高并发或故障情况下的稳定性。

5）安全防护

- 提供身份认证和权限校验功能，确保只有合法用户才能访问后端服务。
- 支持HTTPS协议，对数据进行加密传输，保障数据的安全性。
- 提供防火墙、黑白名单等安全策略，防止恶意攻击和非法访问。

2. 技术特点

- 高性能：基于异步非阻塞I/O模型，能够处理大量并发请求。
- 可扩展性：支持动态扩展和配置路由规则、限流策略等。
- 灵活性：支持多种请求格式、协议和负载均衡策略。
- 易用性：提供简洁易懂的API和配置文件，降低使用门槛。

3. 应用场景

- 微服务架构：在微服务架构中，统一接口网关作为所有微服务的入口，负责请求的路由、限流和安全防护。
- API管理平台：作为API管理平台的一部分，统一接口网关提供API的接入、管理和监控功能。
- 前后端分离：在前后端分离的应用中，统一接口网关作为前端与后端服务的桥梁，实现前后端解耦。
- 混合云场景：在混合云场景中，统一接口网关可以实现云内和云外服务的统一接入和管理。

4. 主要解决的问题

在低代码平台中，调用外部接口时，可以直接在触发器中调用Groovy接口实现，这种方式简单粗暴。但是，如果不想在触发器中编写复杂的代码，是否有其他更好的解决方式？为此，我们需要一个统一接口网关，具备服务商管理、参数转换以及支持快速对接等功能。市面上已经有很多开源的统一接口网关可供使用，但接下来我们将实现一套低代码的统一接口网关。

11.2 设计思路

1. 热对接

通常情况下，对接第三方接口可能需要一天时间，复杂接口甚至需要3~5天。为减少人力投入并提高接口切换效率，我们期望在对接接口时实现热对接功能，也就是即时配置，立刻生效。热对接的方案较多，例如通过脚本语言或模板引擎进行对接。鉴于前文已介绍Groovy，且模板引擎有效降低了对接接口的学习成本，后续案例将采用模板引擎来实现。使用模板引擎时，需要在对接阶段提前创建对应接口的入参模板，并在接口请求时加载模板，实时生成请求数据。

2. 可调试

接口对接完成后，系统需支持对接口进行调试，以避免投产后出现接口异常的情况，影响业务使用。为此，需设计一个仅供调试的接口，用户填入指定的参数即可发起请求，调用下游接口并返回结果。

3. 参数转换

在接口对接中，常见场景是接口提供方的字段命名与系统命名不一致，导致接口对接时需进行字段映射转换。尤其是在生成式管理后台中，添加字段时字段命名可自动生成，生成后的字段难以与接口提供方保持一致。因此，参数转换成了一个必不可少的功能。

4. 统一入口

由于是提供给触发器对接的，因此需要暴露一个统一的接口供触发器调用。该接口需要为触发器定义好规则，规则统一包含接口的请求目标和接口的参数，其他内容无须关注。

5. 其他能力

作为统一接口网关，重试、熔断、限流都是必备功能，这些读者可以自行实现，并非本章需要关注的内容。

11.3　代码实现演示

本节将通过示例代码简单实现低代码平台统一接入网关。

1. 引入依赖

我们采用模板引擎方式实现热对接，因此需要引入Freemarker依赖。

```
<dependency>
    <groupId>org.springframework.boot</groupId>
    <artifactId>spring-boot-starter-FreeMarker</artifactId>
</dependency>
```

2. 定义模板类

定义一个通用模板类，包含请求地址、请求类型、入参等基本字段。请求地址用于定义本次请求的目标地址，请求类型用于定义所使用的请求类型（POST或GET）。最重要的是，通过入参字段定义请求体内容和字段映射关系。

```
package com.alialiso.MyDemo.low_code.api;
import com.alibaba.fastjson.JSONObject;
import java.io.Serializable;
/**
 * @author LIAOYUBIN
 * 通用模板DTO
 */
public class TemplateDTO implements Serializable {
    /**
     * 请求地址
     */
    private String url;
    /**
     * 请求类型
     */
    private String requestType;
    /**
     * 入参
     */
    private JSONObject data;
    public String getUrl() {
        return url;
    }
    public void setUrl(String url) {
        this.url = url;
    }
    public String getRequestType() {
        return requestType;
    }
    public void setRequestType(String requestType) {
        this.requestType = requestType;
    }
    public JSONObject getData() {
        return data;
    }
    public void setData(JSONObject data) {
        this.data = data;
    }
}
```

3. 提取模板工具类

提取模板工具类并配置FreeMarker应用级配置对象，规定模板文件的存取路径。该工具类还提供了一个将模板转换为通用模板类的方法fillTemplateDTO。通过fillTemplateDTO方法，我们只需传入模板名称和原始请求数据，就可以得到转换后的TemplateDTO对象。

```
package com.alialiso.MyDemo.low_code.api;
import com.alibaba.fastjson.JSONObject;
import FreeMarker.template.Configuration;
import FreeMarker.template.Template;
import lombok.SneakyThrows;
import lombok.extern.slf4j.Slf4j;
import org.springframework.stereotype.Service;
import java.io.StringWriter;
/**
 * @author LIAOYUBIN
 * @description 使用模板引擎构造请求体
 * @date 2024/05/26
 */
@Slf4j
@Service
public class ReqBodyTemplateService {
    /**
     * FreeMarker应用级配置对象
     */
    private Configuration cfg;
    public ReqBodyTemplateService() {
        cfg = new Configuration(Configuration.VERSION_2_3_23);
        cfg.setDefaultEncoding("UTF-8");
        // 规定模板文件存储路径
        cfg.setClassForTemplateLoading(this.getClass(), "/template");
    }
    /**
     * 将数据填充到模板，结果格式化为JSONObject
     * @param templateName     模板名称
     * @param body             请求数据
     * @return                 填充后的TemplateDTO对象
     */
    @SneakyThrows
    public TemplateDTO fillTemplateDTO(String templateName, Object body) {
        Template template = cfg.getTemplate(templateName);
        String bodyStr;
        try (StringWriter out = new StringWriter()) {
            template.process(body, out);
            bodyStr = out.toString();
        }
        return JSONObject.parseObject(bodyStr,TemplateDTO.class);
    }
}
```

4. 定义模板文件

现在，我们可以在项目的resources目录下的template文件夹中添加一个以业务名称命名的FreeMarker文件，例如add_goods.ftl。与模板名称一样，该文件保存了一个新增商品的接口请求信息。

```
{
    "url":"http://localhost:8080/test",<#--请求地址-->
    "requestType":"POST",<#--请求类型-->
    "data":{<#--请求体，字符串外需要加引号-->
        "goodsPrice":${price},
        "goodsName":"${name}",
        "type":1,
        "shopName":"${merchant.name}"
    }
}
```

5. 定义统一入口

创建一个统一的接口，供触发器或内部服务调用。规定该接口必须传入业务名称和请求参数。

```
package com.alialiso.MyDemo.low_code.api;
import com.alibaba.fastjson.JSONObject;
import org.springframework.stereotype.Controller;
import org.springframework.web.bind.annotation.RequestBody;
import org.springframework.web.bind.annotation.RequestMapping;
import org.springframework.web.bind.annotation.ResponseBody;
import javax.annotation.Resource;
/**
 * @author LIAOYUBIN
 * @description api入口
 * @date 2024/05/26
 */
@Controller
public class ApiGatewayController {
    @Resource
    private ApiGatewayService apiGatewayService;
    @RequestMapping("api")
    @ResponseBody
    public String universal(@RequestBody JSONObject jsonObject) {
        return apiGatewayService.commonReqHandle(jsonObject);
    }
}
```

6. 接口转换

创建API接口实现类，该类通过传入的业务名称和原始请求数据，调用ReqBodyTemplateService模板工具类的fillTemplateDTO方法获得请求相关的数据（包含URL、请求类型和请求体），然后调用HTTP工具进行请求。

```
package com.alialiso.MyDemo.low_code.api;

import com.alialiso.MyDemo.zcommon.utils.HttpUtil;
import com.alibaba.fastjson.JSONObject;
import org.springframework.stereotype.Service;
import javax.annotation.Resource;

/**
 * @author LIAOYUBIN1
 * @description api接口实现类
 * @date 2024/05/26
 */
@Service
public class ApiGatewayService {
    @Resource
    private ReqBodyTemplateService reqBodyTemplateService;

    public String commonReqHandle(JSONObject param) {
        // 获取业务名称——模板名称
        String bizName = param.getString("bizName");
        // 通过模板名称获取模板，并返回已组装的参数
        TemplateDTO templateDTO = reqBodyTemplateService.fillTemplateDTO(bizName
+ ".ftl", param);
        // 发起请求
        String methodUrl = templateDTO.getUrl();
        String requestType = templateDTO.getRequestType();
        JSONObject data = templateDTO.getData();
        // 按实际情况改成feign或dubbo
        return HttpUtil.request(methodUrl, requestType, data);
    }
}
```

7. 发起请求

经过Freemarker模板工具转换后，我们的请求内容如下：

```
POST: http://localhost:80/api
{
        "bizName":"add_material",
        "price":2,
        "name":"商品名称",
        "merchant": {
        "name": "店铺名称"
    }
}
```

11.4 常见问题解答

问题1 如何进行调试？

进行调试的目的是测试调用统一接口网关时的数据是否正确，并检验与第三方接口的连通性是否正常。因此，我们可以设计3种调试的方法：

（1）服务调用统一接口网关，返回mock结果。

（2）统一接口网关mock数据，调用第三方接口。

（3）服务直接调用统一接口网关，统一接口网关再调用第三方接口。

针对上面3种方法，统一接口网关可以额外提供几个接口供调试使用。

问题2 调用第三方平台需要token验签，要怎么处理？

在对接接口的过程中，可能会有涉及鉴权的场景。如果我们需要提前获取token以便发起请求时携带token进行请求，可以在模板中添加一个字段标识该请求需要携带token，并注明token获取的Groovy脚本地址。在请求第三方接口前，如果判断该字段有值，则取出该字段的脚本地址，执行脚本获取token，最后将token传回请求中。同理，如果请求需要携带请求头，我们也可以采用类似的方法进行处理。

```
{
    "url": "http://localhost:8080/test",<#--请求地址-->
    "requestType": "POST",<#--请求类型-->
    "tokenScript":"token脚本地址",
    "data": {<#--请求体-->
        "goodsPrice":${price},
        "goodsName":"${name}",
        "token":"${token}",
        "type": 1,<#--可以设置默认值-->
        "shopName": "${merchant.name}"
    }
}
```

问题3 该方法是否可以用于入口网关？

在本案例中，入口网关的实现与其他场景类似，也可以通过FreeMarker模板将请求转换成统一的入参，从而解决不同调用方的参数转换问题。不过，需要注意的是，虽然可以使用这种方法，但并不推荐在入口网关中采用此方法。

第 12 章 如何从0设计：报表中心

通过前面的几个案例，我们已经构建了一个较为全面的低代码平台。至此，读者应已具备了低代码开发的基本能力。通过理解与掌握这些相关技能，读者相当于间接获得了3~5年的低代码项目经验。本章将通过一个报表中心项目的讲解，指导读者如何设计一个低代码平台。

报表中心作为整个平台的数据提取和分析核心，负责汇总、提取和处理来自不同系统、部门或业务线的数据，并将其编制成各类报表，以便管理人员和决策者进行数据分析、工作调整和决策优化。

12.1 设计思路分解

12.1.1 分析需求

在设计低代码平台之前，首先需要对目标系统进行深入的需求分析。这一过程包括明确要构建的系统类型（如CRM、ERP、CSM等）、系统应该具备哪些核心功能以及这些功能适用的具体场景。

1. 明确系统类型

明确系统类型有助于我们理解系统的核心业务流程和关键用户群体，为后续的功能设计提供指导。

2. 列出核心功能

根据业务需求列出系统必须实现的核心功能，并考虑这些功能之间的逻辑关系和数据交互。

3. 分析难点与痛点

识别系统开发中可能遇到的难点，如技术实现复杂度、数据整合问题等。同时，也要关注开发过程中可能遇到的痛点，如开发周期长、维护成本高等。

12.1.2 抽象能力

在理解了系统的需求后，我们需要将共性的功能或过程进行抽象，以构建低代码平台的基础组件。

1. 识别共性

通过对比不同系统的功能需求，找出其中的共性部分，如token鉴权、参数转换、加密解密等功能。

2. 抽象组件

将共性功能抽象为可复用的组件，这些组件应具有高度的灵活性和可扩展性，以适应不同系统的需求。

3. 设计组件接口

为抽象出的组件设计统一的接口规范，确保不同组件之间能够顺畅地进行数据交互和功能调用。

12.1.3 选择工具

在第3~6章中，我们介绍了一些低代码开发中常见的基础技术和方案，这些可以作为我们设计低代码平台的工具。在选择低代码平台开发工具时，可以参考前面的工具内容，然后需要考虑工具的易用性、功能完备性以及与团队现有技术的兼容性。

1. 单个选择

根据项目的具体需求，选择最适合的单个开发工具。这些工具可能包括规则引擎、流程引擎、模板引擎、脚本语言、设计方案等。

2. 组合选择

在某些情况下，单个工具可能无法满足所有需求。此时，我们可以考虑将多个工具组合使用，以实现更强大的功能。

3. 了解其他工具

本书介绍的工具并不能解决不同低代码平台可能遇到的各种问题，哪怕是同一个工具，也可能与当前技术团队的选型有冲突。在选择时，可以参考该团队正在使用的其他工具，同时保持对新兴技术的关注，了解其他可能用到的开发工具，以便在需要时进行替换或升级。

4. 丰富的工具库

构建一个丰富的工具库，可以为低代码平台的开发提供多样化的选择和支持。在梳理团队工具库或进行技术选型时，将遇到的其他方案和工具整理到个人低代码平台的知识图谱中，以充实个人的工具库。

12.1.4　实验验证

在实验验证阶段，我们需要通过编写伪代码、测试性能和评估可行性来验证设计思路。

1. 编写伪代码

使用伪代码描述系统的核心功能和关键流程，确保设计的合理性和可行性。

2. 测试性能

通过模拟实际场景下的数据交互和功能调用，测试系统的性能表现，如响应时间、吞吐量等。

3. 评估可行性

综合考虑技术实现难度、开发周期、维护成本等因素，评估系统的可行性，并根据评估结果对设计进行调整和优化。

12.1.5　实战

在实战阶段，我们将根据前面的设计思路和验证结果，进行具体的技术设计、论证和开发工作。

1. 技术设计

根据需求分析和抽象结果，设计系统的整体架构、数据库结构以及关键算法等。

2. 论证

通过技术评审、风险评估等方式，对设计进行论证和验证，确保设计的合理性和可行性。

3. 开发

按照技术设计的要求，进行具体的开发工作。在开发过程中，需要不断进行测试和调试，确保系统的稳定性和可靠性。同时，也要关注开发进度和成本控制，确保项目能够按时交付并达到预期的效果。

12.2 案例设计

我们以报表中心为例，根据12.1节讲解的设计思路，演示完整的实现步骤。

1. 分析需求

我们已经通过低代码实现了C端和B端，现在需要进一步利用低代码来实现报表中心，去掉那些没有技术含量的报表开发。在我们接到这个需求后，首先要分析的是报名中心的核心功能，以及我们平时开发的重点。报表系统对于研发人员来说，可以直观地反映系统当前的运行状态；对于运营人员来说，可以分析活动效果，辅助分析活动漏损；对于企业来说，报表可以帮助分析当前销售状况和各个部门的经营数据，为企业提供经营决策的数据。顾名思义，报表中心是一个通过各种图表进行展示数据的系统。它的主要功能，或者说核心功能，就是组装数据并通过图表展示数据。前端获取后端提供的数据的过程如图12-1所示。

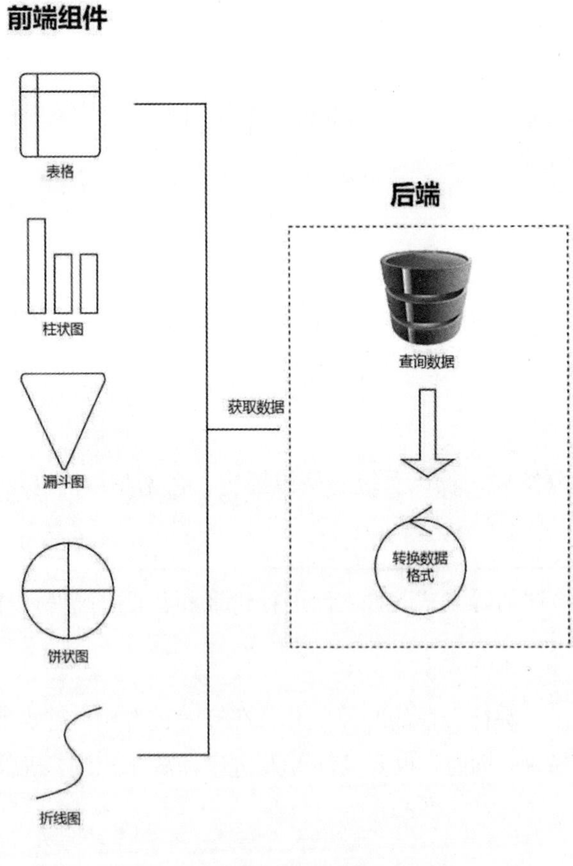

图 12-1 前端获取后端提供的数据

整个流程大致如下：首先，添加报表组件并保存报表页面；接着，前端打开报表页面，并请求后端获取指定的报表数据；然后，后端在接收到请求后查询数据库数据，将数据库数据组装成报表的指定格式，然后返回给前端；最后，前端接收到后端返回的数据，并以图表的形式展示这些数据。这个流程并不复杂。在第一步中，可以参考CMS的设计逻辑，在报表页面添加报表组件时，可以在组件的自定义配置中添加组件请求参数（例如表ID、查询参数等）。当我们保存报表时，会调用保存页面的接口，并将添加的组件ID和组件参数保存起来。当用户打开报表页面时，会调用查询页面组件的接口，将组件列表和参数查询出来，然后逐一请求后端查询数据。然而，后端查询数据和封装数据才是报表设计的难点，因为我们需要解决以下几个问题：

（1）前端需要什么样的结果？是否有统一的接口格式？

（2）后端暴露的接口如何知道组件需要查询哪些表的数据，以及通过什么规则进行查询？

（3）如何通过统一的入口返回不同的结果给前端？

读者可以先思考一下以上3个问题的实现方案，然后带着疑问继续阅读。

2. 确定可视化图表工具

假如前端团队决定使用ECharts开源可视化图表工具，我们可以在官网（https://echarts.apache.org/examples/zh/index.html）找到各种图表的示例。ECharts提供的图表类型包括柱状图、饼状图、折线图、漏斗图、散点图等，如图12-2所示。每个图表可以通过单击图表示例查看到JS或TS的组装数据。

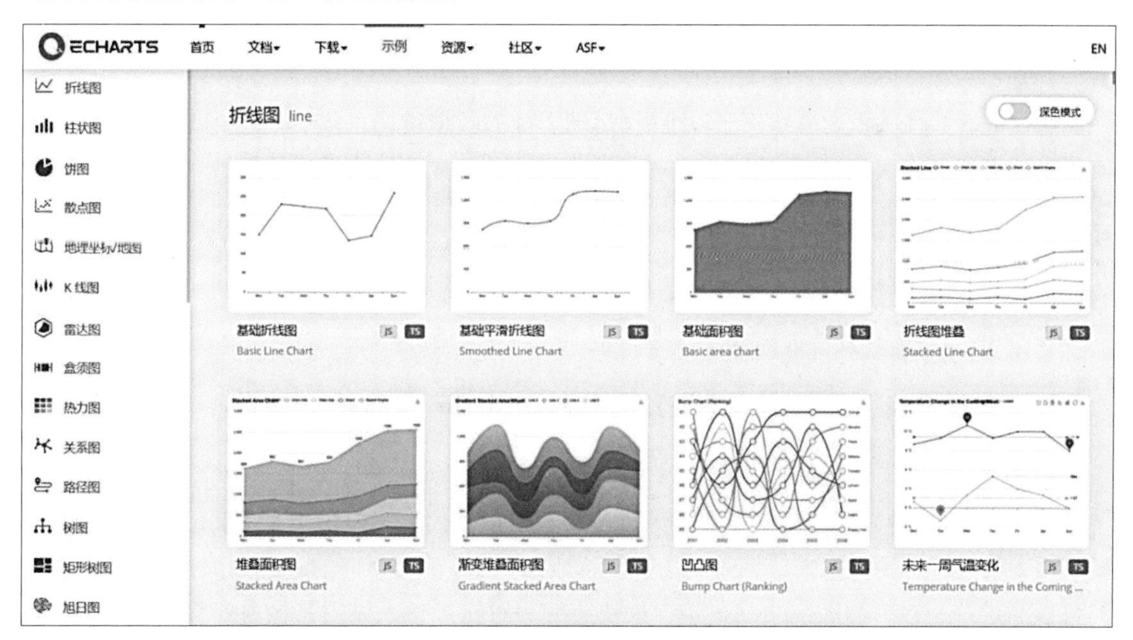

图 12-2 ECharts 提供的图表

逐一查看常见的图表数据，并对比返回的结构，就可以清晰地看到这些图表数据的共性：

（1）饼状图和漏斗图后端返回的数据是一组对象列表数据，对象包含数据名称和数据值：

```
[
    { value: 1048, name: 'Search Engine' },
    { value: 735, name: 'Direct' },
    { value: 580, name: 'Email' }
]
```

（2）柱状图和折线图后端返回的是两组数据，一组为数据名称列表，另一组为数据值列表：

```
{
    xAxis: {
        data: ['Mon', 'Tue', 'Wed', 'Thu', 'Fri', 'Sat', 'Sun']
    },
    series: [{
        data: [120, 200, 150, 80, 70, 110, 130],
    }]
}
```

（3）散点图后端返回的是一组坐标列表数据：

```
[
    [10.0, 8.04],
    [8.07, 6.95],
    [13.0, 7.58],
]
```

通过提取共性，我们总结出了以上3种后端返回的数据结构。接下来需要解决的问题是如何获取这些图表展示数据，以及如何按前端数据的这3种数据结构返回结果。

3. 选择工具

如何获取图表展示数据？图表展示数据的获取方式通常有以下3种：

（1）通过接口从外部获取图表展示数据。

（2）通过内部数据的计算得到图表展示数据。

（3）建立一张统计表，从统计表获取图表展示数据。

针对第（1）种方式，通常当数据源复杂或数据量庞大时，应用层无法满足要求，这时需要调用大数据平台的算力来计算得到图表展示数据。回顾前面学习的基础知识和实战案例，我们可以通过统一接口网关或Groovy接口来快速编写对接接口，调用其他内部系统接口获取图表展示数据。

针对第（2）种方式，当图表展示数据仅需要通过简单的联表查询或表数据的简单计算即可得到结果集时，我们可以通过编写SQL查询语句直接获取数据。

针对第（3）种方式，通常需要进行复杂的联表查询才能获得预期的图表展示数据。回顾第8章低代码管理后台的相关章内容，我们可以首先建立一张统计表，然后在数据源操作时通过执行触发器来插入和更新统计表中的数据。图表展示所需的数据可以直接通过查询统计表的记录来获取。

怎么转换数据格式？我们列举了3种常见的数据转换方式供选择：

（1）通过SQL语句指定数据返回格式。这对研发人员或运营人员的SQL编写能力有一定的要求。

（2）编写多个接口，通过不同接口返回不同格式。在这种方式下，我们已经枚举了所有的数据类型，并通过不同接口固定了返回的数据格式，前端组件则绑定到相应的接口。

（3）通过模板转换。类似于我们前面提到的，通过FreeMarker模板对返回的数据进行转换。

数据格式转换的方法繁多，Java提供了很多第三方插件来实现数据的转换。读者可以进一步调研和了解。在掌握基本思路后，读者应不断丰富自己的低代码工具库，以便更好地设计低代码系统。

4. 验证

验证的目的是评估上述方案的可行性。我们可以编写代码测试这些方案，其中性能测试尤为重要。C端接口对响应时长要求较高，而报表中心接口查询的数据量较大，响应时长容忍度较高，但仍然有一定要求。因此，在验证过程中，我们需要检查单个接口的响应时间，以及在大数据量情况下的整体耗时。

5. 实现

实现阶段可以开始进行技术设计。技术设计需要评估报表中心各种方案的性能、开发工时和后期维护成本。一般情况下，需要与研发人员共同讨论方案的选择，这样往往能激发出更多创意，收获其他的实现方案。

12.3 代码实现

在图表展示数据的获取方式上，我们决定使用SQL语句的方式。本节将基于这种方式讲解相关代码的实现。

1. 创建相关表

首先，建立面板SQL表，用于存储报表中心每个图表对应的SQL语句。该表除主键ID外，还存储了FreeMarker模板地址和SQL脚本字段，模板地址字段用于存储格式转换的模板，SQL脚本字段用于存储获取图表数据时使用的SQL语句。

```
CREATE TABLE `panel` (
`id` bigint(20) NOT NULL AUTO_INCREMENT COMMENT '主键',
`ftl_url` varchar(64) NOT NULL COMMENT 'FreeMarker模板地址',
`panel_sql` text NOT NULL COMMENT 'sql脚本',
PRIMARY KEY (`id`)
) ENGINE=InnoDB AUTO_INCREMENT=2 DEFAULT CHARSET=utf8mb4 COMMENT='面板对应SQL语
句表';
```

接着，建立一张名为“学生成绩表”的统计表，该表为图表展示数据的数据源，包含学生名称和成绩信息。

```
CREATE TABLE `student_score` (
`id` bigint(20) NOT NULL AUTO_INCREMENT COMMENT '主键',
`student_name` varchar(16) NOT NULL COMMENT '学生名称',
`score` bigint(4) NOT NULL COMMENT '成绩',
PRIMARY KEY (`id`)
) ENGINE=InnoDB COMMENT='学生成绩表';
```

2. 模拟插入几条统计数据

在低代码平台中，统计表的数据来源通常由触发器插入。为了方便验证，我们直接在统计表中插入多条数据。

```
INSERT INTO `student_score` VALUES (1, '小闲', 93);
INSERT INTO `student_score` VALUES (2, '小婉', 99);
INSERT INTO `student_score` VALUES (3, '若若', 90);
INSERT INTO `student_score` VALUES (4, '朵朵', 100);
INSERT INTO `student_score` VALUES (5, '理理', 88);
```

3. 编写SQL存入panel表

对于图表展示数据的查询SQL，可以设计一个管理后台界面进行管理。为了方便验证，我们直接编写一条SQL语句插入面板SQL表。

```
SELECT student_name,score FROM student_score
```

然后将上述SQL记录插入面板SQL表，并添加FreeMarker模板地址。后续将详细解释该模板地址的内容。

```
INSERT INTO `panel` VALUES (1, 'transfer_panel.ftl', 'SELECT student_name,score
FROM student_score');
```

4. 代码实现内容

创建SQL面板记录表对应的实体类，代码如下：

```
package com.alialiso.MyDemo.low_code.panel;
/**
 * @author LIAOYUBIN1
```

```
 * @description sql实体类
 * @date 2024/06/01
 */
public class Panel {
    private Long id;
    private String ftl_url;
    private String panel_sql;
    public Long getId() {
        return id;
    }
    public void setId(Long id) {
        this.id = id;
    }
    public String getFtl_url() {
        return ftl_url;
    }
    public void setFtl_url(String ftl_url) {
        this.ftl_url = ftl_url;
    }
    public String getPanel_sql() {
        return panel_sql;
    }
    public void setPanel_sql(String panel_sql) {
        this.panel_sql = panel_sql;
    }
}
```

创建报表入口PanelController，暴露一个统一查询面板数据的接口queryPanelData，通过传入图表组件绑定的面板ID，即可获得图表对应的展示数据。代码如下：

```
package com.alialiso.MyDemo.low_code.panel;
import com.alibaba.fastjson.JSONObject;
import org.springframework.stereotype.Controller;
import org.springframework.web.bind.annotation.RequestMapping;
import org.springframework.web.bind.annotation.RequestParam;
import org.springframework.web.bind.annotation.ResponseBody;
import javax.annotation.Resource;
@Controller
public class PanelController {
    @Resource
    private PanelService panelService;
    @RequestMapping("queryPanelData")
    @ResponseBody
    public JSONObject queryPanelData(@RequestParam("panelId") Long panelId) {
```

```
        return panelService.queryPanelData(panelId);
    }
}
```

创建逻辑实现层PanelService。PanelService为PanelController提供了通过面板ID查询图表展示数据的queryPanelData方法。该方法会通过面板ID查询面板记录表数据，然后取出面板记录表内的SQL语句并执行，获取数据源后，使用面板记录表中的FreeMarker模板地址将数据源转换为图表展示所需的数据格式，并返回数据。代码如下：

```
package com.alialiso.MyDemo.low_code.panel;

import com.alialiso.MyDemo.low_code.api.ReqBodyTemplateService;
import com.alibaba.fastjson.JSONObject;
import org.springframework.stereotype.Service;

import javax.annotation.Resource;
import java.awt.*;
import java.util.List;
import java.util.Map;
/**
 * @author LIAOYUBIN1
 * @description
 * @date 2024/06/01
 */
@Service
public class PanelService {
    @Resource
    private PanelMapper panelMapper;
    @Resource
    private ReqBodyTemplateService reqBodyTemplateService;
    public JSONObject queryPanelData(Long panelId) {
        // 查询SQL脚本
        Panel panel = panelMapper.getById(panelId);
        // 根据SQL脚本获取图表数据
        List<Map<String, Object>> list = panelMapper.list(panel.getPanel_sql());
        System.out.println(JSONObject.toJSONString(list));
        JSONObject param = new JSONObject();
        param.put("param",list);
        // 将图表数据转换成ECharts格式
        return transferFormat(panel.getFtl_url(),param);
    }
    public JSONObject transferFormat(String ftl_url,JSONObject param){
    }
}
```

创建DAO层PanelMapper。PanelMapper提供了两个接口：一个是通过面板ID获取面板记录表的数据接口，另一个是根据传入的SQL查询数据的接口。代码如下：

```
package com.alialiso.MyDemo.low_code.panel;

import org.apache.ibatis.annotations.Mapper;
import org.apache.ibatis.annotations.Param;

import java.awt.*;
import java.util.List;
import java.util.Map;
@Mapper
public interface PanelMapper {
    // 通过ID获取面板记录表数据
    Panel getById(Long panelId);
    // 执行SQL查询列表数据
    List<Map<String,Object>> list(@Param(value = "panel_sql") String panel_sql);
}
```

编写PanelMapper.xml：

```
<?xml version="1.0" encoding="UTF-8"?>
<!DOCTYPE mapper PUBLIC "-//mybatis.org//DTD Mapper 3.0//EN"
"http://mybatis.org/dtd/mybatis-3-mapper.dtd">
<mapper namespace="com.alialiso.MyDemo.low_code.panel.PanelMapper">
    <select id="list" resultType="java.util.Map">
        ${panel_sql}
    </select>
    <select id="getById" resultType="com.alialiso.MyDemo.low_code.panel.Panel">
        SELECT id,ftl_url,panel_sql FROM `panel` WHERE id = #{id}
    </select>
</mapper>
```

代码编写完成后，请求接口验证一下。

```
POST: http://localhost:80/queryPanelData?panelId=1
```

从以下打印结果可以看出，已经可以顺利查询到图表展示数据：

```
[{"student_name":"小闲","score":93},{"student_name":"小婉","score":99},
{"student_name":"若若","score":90},{"student_name":"朵朵","score":100},
{"student_name":"理理","score":88}]
```

接下来，我们需要将数据转换为图表所需的格式。然而，transferFormat方法尚未实现，因此无法将数据转换为固定格式返回给前端。为了解决这个问题，我们将尝试通过FreeMarker模板来转换查询结果的格式。

首先，新建FreeMarker工具类ReqBodyTemplateService。该工具类用于对FreeMarker模板

引擎进行全局配置，并提供一个名为fillTemplate的方法，用于将传入的数据按照指定的FreeMarker模板文件中定义的规则进行转换并输出。代码如下：

```
package com.alialiso.MyDemo.low_code.api;
import com.alibaba.fastjson.JSONObject;
import FreeMarker.template.Configuration;
import FreeMarker.template.Template;
import lombok.SneakyThrows;
import org.springframework.stereotype.Service;
import java.io.StringWriter;
/**
 * 使用模板引擎构造请求体
 * @author liaoyubin
 * @date 2020-06-01
 */
@Service
public class ReqBodyTemplateService {
    /**
     * FreeMarker应用级配置对象
     */
    private Configuration cfg;
    public ReqBodyTemplateService() {
        cfg = new Configuration(Configuration.VERSION_2_3_23);
        cfg.setDefaultEncoding("UTF-8");
        cfg.setClassForTemplateLoading(this.getClass(), "/template");
    }
    /**
     * 将数据填充到模板，结果格式化为JSONObject
     * @param templateName
     * @param body
     * @return
     */
    @SneakyThrows
    public JSONObject fillTemplate(String templateName, Object body) {
        Template template = cfg.getTemplate(templateName);
        String bodyStr;
        try (StringWriter out = new StringWriter()) {
            template.process(body, out);
            bodyStr = out.toString();
        }
        return JSONObject.parseObject(bodyStr);
    }
}
```

然后，使用FreeMarker模板文件编写格式转换文档。新建一个名为transfer_panel.ftl的FreeMarker文档：

```
{
    "data":[
        <#list param as item>
        { "value": "${item.score}", "name": "${item.student_name}" }
${item_has_next?then(", ", "")}
        </#list>
    ]
}
```

接着，将PanelService中的transferFormat方法的代码补充完整。transferFormat方法的主要作用是调用ReqBodyTemplateService的fillTemplate方法，将数据源转换为图表所需的格式。代码如下：

```
public JSONObject transferFormat(String ftl_url,JSONObject param){
    return reqBodyTemplateService.fillTemplate(ftl_url, param);
}
```

最后进行验证。此时，饼状图和折线图的图表展示数据就展现出来了：

```
{
  "data": [
    {
      "name": "小闲",
      "value": "93"
    },
    {
      "name": "小婉",
      "value": "99"
    },
    {
      "name": "若若",
      "value": "90"
    },
    {
      "name": "朵朵",
      "value": "100"
    },
    {
      "name": "理理",
      "value": "88"
    }
  ]
}
```

如果需要将它们展示为饼状图和漏斗图，只需要更改FreeMarker模板即可：

```
{
    "data":[
        <#list param as item>
```

```
            "${item.student_name}"${item_has_next?then(", ", "")}
            </#list>
        ],
        "series":[
            <#list param as item>
            "${item.score}"${item_has_next?then(", ", "")}
            </#list>
        ]
    }
```

请求后即可返回，输出内容如下：

```
{
  "data": [
    "小闲",
    "小婉",
    "若若",
    "朵朵",
    "理理"
  ],
  "series": [
    "93",
    "99",
    "90",
    "100",
    "88"
  ]
}
```

通过以上代码，繁杂的报表中心功能已采用低代码形式实现了。今后，我们在新建图表时，只需编写SQL语句和添加模板即可，从而大幅降低后续的研发成本。

12.4 常见问题解答

问题 采用编写SQL语句的方式是否存在安全风险？

编写SQL语句的方式确实存在安全风险。如果用户非法传入DDL语句（create、alter、drop、truncate、comment、grant、revoke）和DML语句（update、delete、insert、merge），可能导致表或数据被恶意篡改。因此，我们需要对传入的SQL语句进行过滤，拦截特定语句。此外，可以在报表中心新增一个数据源，为该数据源单独创建一个只读账号，所有对PanelMapper的操作均使用该数据源。还需防范数据泄露风险，确保只读账号的查询权限得到妥善管理。

有关低代码平台的常见安全问题，我们将在第13章中详细介绍。

第 13 章 常见的安全问题

低代码平台凭借其高度的灵活性，对安全性的需求更为突出。该平台的安全隐患主要源自三个方面。首先，高度的灵活性可能导致恶意注入风险，尤其是代码注入和SQL注入，这些都可能成为潜在的安全威胁。其次，平台对敏感数据的识别与保护方面存在局限性，往往依赖人工干预和额外的处理措施。最后，数据权限的严格管控无疑增加了额外的运营成本，因此需要构建一套完整的数据权限管理体系。

13.1 恶意注入

恶意注入是指攻击者通过在应用程序中插入恶意代码或修改现有代码，以获取程序的控制权或执行非法操作。在恶意注入方面，主要涉及代码注入和SQL注入两种场景。在前面介绍的CMS案例中，前端页面的排布和组件信息直接存储到后端数据库中，而后端并未对这些数据进行处理。因此，如果存储的数据中包含代码脚本，就会存在代码注入的风险。另一方面，在报表中心的设计中，我们采用编写SQL语句的方式来查询数据，如果管理后台被攻破或对外暴露了，必定会引发SQL注入的风险。以上注入风险均来自管理后台，因此我们需要加强网关的安全性，确保WAT层路由规则和IP防护到位。可以从以下几个方面入手：

（1）输入验证和过滤。

- 对所有用户输入的数据进行有效性验证和过滤。
- 使用正则表达式验证输入格式是否符合规范，以过滤掉潜在的恶意输入。
- 不要信任任何外部输入，进行充分的边界检查，拒绝不符合要求的输入。

（2）防止脚本注入。

- 如果程序需要接收用户输入的脚本代码，必须对用户输入的内容进行严格过滤和转义。
- 使用适当的转义函数或库，确保脚本不会被执行。

（3）遵守最小权限原则。

- 只授予用户完成工作所需的最低权限。例如，对于数据库访问，普通用户应仅获得必要的查询权限，而管理员的权限也应严格限定在必要的范围内。

（4）及时更新和打补丁。

- 及时更新操作系统、数据库和其他相关软件的安全补丁。这些补丁通常包含修复已知安全漏洞的内容，有助于提高系统的安全性。

（5）安全审计和漏洞扫描。

- 定期对应用程序进行安全审计和漏洞扫描，及时发现并修复潜在的安全漏洞，降低代码注入的风险。

（6）身份验证和授权。

- 为应用程序添加用户身份验证和授权机制，确保只有合法用户才能访问敏感数据或执行特定操作。

13.2 敏感数据的处理

对敏感数据的处理是保护数据安全隐私、遵守法律法规、满足业务需求、维护企业声誉和客户关系，以及提高数据质量的重要手段。因此，在开发和使用低代码平台时，我们应该重视敏感数据的处理，采取适当的技术和管理措施来确保数据的安全性和隐私保护。从低代码平台的角度来看，平台无法判断生成的字段是否为敏感字段，无法区分哪些字段需要进行掩码或加密处理。因此，我们需要人工标记敏感字段，并可能需要设置相应的加密算法。

以管理后台为例，在创建字段时，可以在配置栏中添加“敏感数据”选项和“加密算法规则”选项。在插入数据时，若某个字段被标记为敏感数据，则可直接调用指定加密算法进行加密，然后落库（也就是将加密后的数据存入数据库）。

另外，在通用接口网关项目中，如果需要透传敏感数据，则必须对整个接口数据进行加密。此时，可以在模板中添加一个字段来标记加密算法。通过FreeMarker组装参数后，判断参数是否包含加密算法，如果包含，则按相应的加密算法加密参数，最后调用接口传递加密后的参数。

13.3　设置数据权限

在低代码平台中，设置数据权限的重要性不言而喻，它直接关系到数据安全、系统稳定性和用户体验。通过合理设置数据权限，可以确保只有授权用户才能访问和操作特定的数据，从而有效防止数据泄露和非法访问。

在不同的业务场景中，不同的用户或角色对数据的需求和访问权限各不相同。通过灵活设置数据权限，可以满足不同用户的业务需求，提高系统的灵活性和可扩展性。未经授权的用户或角色尝试访问或操作数据可能导致系统错误或崩溃。严格的数据权限控制可以避免此类问题，以提高系统的稳定性和可用性。合理的数据权限设置可以确保用户只能看到自己有权访问的页面，并进行相应授权的操作，减少用户的困惑和误操作，从而提高用户体验。

以管理后台项目为例，该项目已经实现了菜单权限设置功能，允许根据用户设置具体菜单展示权限。此外，还可以将用户角色与组织权限结合起来进行设置。而表权限可以参考敏感数据的处理方法，在管理后台添加表时增加一个表权限控制字段，控制数据展示规则。当然，接口权限的设计也可以参考敏感数据处理方法，调用方传入用户名后，通过FreeMarker模板增加字段来控制访问权限。

第 14 章 程序优化

前面分享的几个案例由于篇幅问题，未能对所有问题进行严谨处理，因此可能存在程序缺陷或风险。第13章主要介绍了常见的安全问题，而本章将重点讲解低代码平台开发中需要关注的程序设计问题。

14.1 数据丢失风险

前面讲解的管理后台项目触发器设计和营销画布平台事件引擎设计都依赖消息队列。如果消息队列不可用或其可靠性不足，都有可能导致数据丢失，进而影响程序的稳定性。因此，对消息队列的选择会有高可用、高吞吐、可靠性的要求，在选择消息队列时，需严格评估方案的可行性，可关注以下这些要点：

（1）消息的持久化。

- 消息队列应支持将消息保存到磁盘或其他持久化存储介质中，以确保在发生故障或重启时能够恢复消息。
- 使用支持数据持久化的消息队列系统（如Kafka、RabbitMQ等），确保消息被写入磁盘，而不仅仅是存储在内存中。

（2）确认机制（ACK机制）。

- 消费者在处理完消息后，应向消息队列发送确认消息（Acknowledgement，ACK），以确保消息被成功处理。
- 如果消费者没有发送确认消息，消息队列应将消息重新发送给其他消费者，以防止消息丢失。

（3）冗余备份。

- 在分布式环境中，使用多个节点复制消息队列，以防止任何单个节点发生故障。
- 设置队列系统的持久化和复制参数，确保消息被复制到多个节点，以提高系统的容错能力。

（4）监控和警报。

- 实施监控和警报系统，以便及早发现并解决潜在的问题。
- 出现故障时，监控和警报系统应及时通知相关人员进行修复，降低数据丢失风险。

（5）生产者发送失败处理。

- 使用事务或确认机制，即在消息发送至队列后，生产者等待消息队列的确认消息。
- 将消息先写入本地持久化存储，一旦收到确认消息，再移除本地存储中的消息。

（6）消费者处理失败的应对措施。

- 实现重试逻辑，如果消费者处理消息失败，可稍后重新尝试。
- 除非消息被成功处理，否则不发送消费确认（ACK）；如果处理失败，则将消息重新放回队列。

（7）队列配置。

- 适当配置消息的存活时间（Time To Live，TTL），确保消息在被处理前不会到期。
- 关闭自动删除或其他可能导致数据丢失的配置项。

（8）消费者线程/进程崩溃处理。

- 在消费者中实现“至少一次处理”语义，确保即使消费者崩溃，消息也能重新被消费。
- 使用持久化队列和消费确认机制，保证消息在成功处理之前不会丢失。

（9）定期备份。

- 定期备份消息队列中的数据，以防止数据丢失。备份频率可根据业务需求进行调整。

（10）错误处理。

- 在生产者和消费者的代码中，实施适当的错误处理逻辑，处理各种异常情况，确保数据的完整性和一致性。

14.2 数据幂等的设计

在统一接口网关的设计中，我们尚未涉及数据幂等性的处理，尽管这一问题不容忽视。幂等性的实现既可以由调用方负责，也可以由我们的统一接口网关来处理。在非低代码平台中，幂等性控制通常由调用方负责；而在低代码平台中，大多由统一接口网关来处理，原因在于，如果接口发起方需要实现幂等性，将增加接口改造的成本。若由接口网关来处理幂等性，我们需要明确哪些接口需要幂等性，并记录每次请求，以便在后续请求中进行访问控制。除此之外，还需在前端和后端分别实施防重复提交机制和token机制，以辅助实现数据幂等性。

1. 前端防重复提交

通过前端处理来防止用户重复提交表单或重复点击按钮。例如，可以在用户点击提交按钮后将按钮置灰，或显示loading效果等。这种方法简单易行，主要适用于防止表单重复提交的场景。

2. 唯一标识（token机制）

这是一个常见且有效的解决方案，适用于大部分场景。其实现方式通常包括：

（1）服务端提供获取token的接口，供客户端使用。

（2）服务端生成token后，可以将其存放于类似Redis的缓存系统中。

（3）客户端在发起请求时携带token。

（4）服务端在接收到请求后，首先校验token是否存在。如果存在，则删除token并执行业务处理；如果不存在，则说明是重复请求，直接返回相应标识。

14.3 并发与熔断

低代码平台的设计自由度较大，因此接口通常是通用接口。随着业务的推广，单个接口的并发量可能会急剧上升。在设计时，我们需要提前考虑好通用接口未来可能面临的并发场景，并在必要时进行接口压力测试（简称压测）。如果接口压测的结果并不理想，可以考虑将通用接口拆分为按系统、模块或层级等维度设计；或者将接口协议从HTTP改为RPC，以减少服务之间调用的响应时间。当然，也可以采用更简单粗暴的方式，通过弹性伸缩处理节点来应对高并发。

低代码平台在解决并发和熔断问题时，通常结合平台特性和一些通用技术解决方案。以下是并发和熔断问题的解决方案。

1. 解决并发问题

1）资源隔离与限制

- 线程池：采用Hystrix线程隔离方式，低代码平台可以为每个服务或请求分配独立的线程池，以限制并发量，防止资源耗尽。
- 资源配额：根据业务需求和系统能力，为不同的服务或接口设置资源配额（如CPU、内存、网络带宽等），确保系统在高并发环境下的稳定运行。

2）分布式缓存

利用分布式缓存（如Redis、Memcached等）缓存热点数据，减少数据库访问压力，提高系统响应速度。

3）异步处理

对于非实时性要求较高的业务，采用异步处理方式，将请求放入消息队列，由后台任务异步处理，减轻系统实时压力。

4）负载均衡

使用负载均衡技术（如Nginx、HAProxy等）将请求分发到多个服务器或容器上，实现水平扩展，提高系统并发处理能力。

5）代码优化

在低代码平台上，通过优化代码逻辑、减少数据库访问次数、使用批处理等方式，提高单个请的处理速度，减轻整体系统的并发压力。

2. 解决熔断问题

1）熔断器

引入熔断器（Circuit Breaker）组件，当某个服务出现故障或响应超时时，自动熔断对该服务的调用，避免故障扩散。

熔断器可配置状态机（Closed、Open、Half-Open），根据服务的健康状况自动调整状态，实现服务的快速恢复。

2）降级处理

当某个服务熔断时，提供降级处理逻辑，如返回默认值、执行备用逻辑等，确保系统的可用性。

3）监控与告警

实时监控服务的运行状况，包括响应时间、错误率等指标。当服务出现异常时，及时告警并通知相关人员进行处理。

4）流量控制

通过令牌桶、漏桶等算法限制服务的请求流量，防止服务因过载而崩溃。

5）服务隔离

将不同的业务或功能拆分成独立的服务，实现服务之间的隔离，减少服务间的相互影响。

14.4 FreeMarker模板编写错误

FreeMarker模板要求用户熟悉其模板语法。由于模板是手工编写的，容易因疏忽而导致编写错误。目前尚无有效的插件来对语法进行检查，因此我们建议增加调试功能。例如，在报表中心，编写完SQL语句后，通常会再编写一个FreeMarker模板。此时，可以调用调试功能通过SQL语句发起请求，然后根据FreeMarker模板组装参数。如果组装成功，则返回数据进行预览；如果组装失败，则提示用户检查模板内容。这样可以有效地提前发现并处理编写错误。

第 15 章 AIGC与低代码平台

在当今科技日新月异的时代背景下，人工智能生成内容（Artificial Intelligence Generated Content，AIGC）正以不可阻挡的势头蓬勃发展，成为数字化转型过程中的一股重要技术力量。随着信息技术的不断成熟与应用的持续拓展，AIGC已渗透至多个领域，其中低代码平台也不例外。本章将深入探讨AIGC在低代码平台中的兴起背景、应用场景以及所带来的变革与机遇。

15.1 什么是AIGC

1. AIGC的定义

AIGC是一种利用人工智能技术生成内容的新型技术。它基于生成对抗网络、大型预训练模型等人工智能方法，通过对现有数据的学习和识别，以适当的泛化能力生成相关内容的技术。AIGC使机器能够模拟人类的创造性，产生逼真的且类似人类创作的内容。

2. 技术原理

AIGC技术的核心思想是通过人工智能算法生成具有创意和质量的内容。通过训练模型和对大量数据的学习，AIGC可以根据输入的条件或指令，生成相关的原创内容，这些内容包括文字、图像、音乐、视频等多种形式。

3. 优势

AIGC具有高效率、多样性的优点。它不仅能够快速生成大量内容，而且由于其基于人工智能技术的生成过程，所生成的内容具有高度的多样性和创新性。

15.2 AIGC的应用领域

AIGC的应用领域非常广泛，涵盖从文本、图像、音频、视频到游戏开发、代码生成等多个领域。

1）文本生成

- 新闻撰写：AIGC可以自动生成新闻稿件，根据给定的指令或模板，抓取数据并生成符合要求的文章。
- 风格改写：用户可输入对目标文章的要求或描述，AIGC能够按照指定风格创作内容。
- 机器翻译：AIGC可以实现多种语言翻译，提高翻译质量和效率。
- 智能问答：AIGC可用于构建问答系统，帮助用户快速获取所需信息。

2）图像生成

- 艺术绘画创作：通过输入文字描述，AIGC可以自动生成艺术作品，降低了艺术创作的门槛。
- 图像处理：AIGC可用于图像编辑、风格转换等，提升图像处理效率。

3）音频生成

- 语音合成：AIGC可将文本转换为语音，应用于智能助手、语音搜索等场景。
- 音乐创作：AIGC可以生成音乐、歌曲和声音效果等，为音乐创作提供新的思路。

4）视频生成

- 视频剪辑：AIGC可以根据文本内容生成不同时长的视频，如Google推出的AI视频生成模型Phenaki。
- 虚拟场景构建：在游戏开发中，AIGC可以用于场景和故事的搭建，以及创建虚拟人物。

5）游戏开发

- 场景与故事搭建：AIGC为游戏开发者提供更高效的场景和故事创建方式。
- 虚拟人创建：玩家可以通过AIGC平台工具创建虚拟角色，增加游戏的多样性和互动性。

6）代码生成

- 自动编程：AIGC可以协助开发者生成代码片段、程序和算法等，为开发者提供创新的编程思路。

7）多模态内容生成

- 跨模态生成：AIGC可以将不同模态的内容进行结合创作，如将文本转换为图像、将音频转换为视频等。

8）推荐系统

- 内容推荐：AIGC可以根据用户的兴趣和行为为其推荐相关内容，如新闻、文章、产品信息等。

9）其他领域

- 教育：AIGC可以辅助教师制定教学计划、评估学生作业，并为学生提供个性化学习建议。
- 医疗：AIGC可以辅助医生诊断疾病、制定治疗方案，并为患者提供健康咨询。
- 金融：AIGC可以分析金融市场动态，为投资者提供有价值的投资建议。

15.3 在低代码平台中的应用场景

AIGC在低代码平台中的应用具有广泛的前景和潜力，它不仅可以帮助企业提高低代码平台内容生成的效率和质量，还能降低运营成本，提升用户体验和满意度。随着AIGC近年来的快速发展，越来越多的低代码平台尝试接入AIGC技术。但是，目前很多低代码平台主要使用AIGC生成一些简单的文本内容。在此，我们将探讨AIGC在低代码平台中的一些更为广泛的应用场景。

1. 自动创建管理后台页面

AIGC技术可以根据企业的业务需求，通过自动化流程快速创建并配置管理后台页面。这种自动化能力降低了对专业开发人员的依赖，提高了开发效率，帮助企业更快速地响应市场变化，优化内部管理流程。

2. 自动搭建C端推广页面

AIGC平台能够根据节日、热点等因素生成具有不同主题和文案的C端推广页面。通过智能算法，AIGC可以自动匹配并生成符合节日氛围或热点话题的图片、视频等多媒体素材，从而提高推广页面的吸引力和互动性。这种能力使得企业能够快速制作出符合市场趋势和用户需求的推广页面，提高营销效果。

3. 营销推广

AIGC技术能够基于用户数据和行为分析，自动为用户打上标签，实现精准的用户画像。通过自动化工具，企业可以按照指定条件向符合条件的用户发送个性化消息，从而实现精准营销。这种精准营销策略有助于提高用户的参与度和转化率，进而为企业带来更好的营销效果。

4. 营销画布

低代码平台提供了可视化的营销画布工具，使企业能够按照一定条件快速创建营销活动。传统上，创建画布需要按步骤添加策略器，配置规则和内容。在AIGC的加持下，运营人员只需提供所需的活动内容和规则，AIGC即可自动生成营销画布，简化了流程并提高了效率。

5. SQL生成

AIGC可以根据用户需求和数据库结构，自动生成SQL查询语句，帮助用户快速获取所需的数据。

6. 数据校验

AIGC可以对输入的数据进行自动校验，检查数据的准确性、完整性和一致性，确保数据质量。

7. 翻译

AIGC可以实现多语言之间的自动翻译，帮助用户快速处理跨语言的内容。

8. 格式化

AIGC可以根据用户需求和预设规则，自动对文本、数据等内容进行格式化处理，如调整字体类型、大小、颜色等。

第 16 章 AIGC的应用

在深入了解AIGC的强大潜力后，本章将聚焦于低代码平台如何快速引入AIGC技术，以进一步提升开发效率、丰富应用功能并增强用户体验。我们将探讨低代码平台与AIGC的融合策略，介绍几种常见的AIGC模型，并通过实际应用案例，展示如何将AIGC技术融入项目中。

16.1 AIGC的引入方式

在实施包含AIGC的项目时，通常有两种根本的选择：一是接入成熟的第三方AIGC API服务，二是自主引入开源模型并进行本地训练以嵌入项目中。这两种策略各有其优势与劣势，本节将深入剖析和对比这两种策略。

16.1.1 利用第三方 AIGC API 接口

首先，我们来看第一种方案：利用第三方AIGC API接口。这种方法的优势在于其高度的成熟度。第三方API服务通常基于大规模数据集训练，并经过优化，因此在准确性和稳定性方面往往表现出色。对于需要快速部署的项目来说，这无疑是一个显著优势。

另一个优点是快速部署的能力。与自行训练模型相比，直接调用API可以大幅度缩短项目从规划到实施的时间。这对于时间敏感、需要快速响应市场的项目尤为重要。

此外，第三方API的维护相对简便。通常情况下，API的更新和维护由服务提供商全权负责，用户端只需关注如何高效地利用API接口，从而大幅减轻了技术团队的负担。

然而，这种方法也存在一些潜在的风险和缺点。其中最突出的是数据安全问题。当项目数据需要发送到第三方服务器进行处理时，数据泄露的风险随之增加，这对于数据敏感型项目来说可能是一个不可接受的隐患。

此外，第三方API可能无法完全满足某些特定行业或应用场景的需求。虽然这些API经过广泛优化，但它们可能无法针对你的具体需求提供最佳性能，这可能会影响项目的整体效果。

最后，长期使用第三方API服务可能会带来一定的成本，且随着使用量的增加，费用也可能随之上升。第三方API服务会对请求频率、数据量等设定限制，因此这也是需要考虑的重要因素。

16.1.2 将开源模型引入项目并进行本地训练

接下来，我们探讨第二种方案：将开源模型引入项目并进行本地训练。采用开源模型进行训练的一大优势是数据处理的安全性。所有数据都保留在本地，不会离开你的控制范围，从而确保了数据的安全性和隐私性。

此外，这种方法在行业适配性方面也具有优势。你可以使用与行业或应用场景高度相关的数据集来训练模型，从而有望获得更加精确和个性化的结果。

还有一种优势是灵活性。与第三方API相比，采用本地模型训练使你可以自由定制和修改模型，以更好地满足项目的独特需求和挑战。

然而，本地训练模型也面临不少挑战。首先，这一过程消耗大量资源，需要耗费大量的时间和计算资源来训练和优化模型，以确保模型的性能和准确性。

同时，本地训练模型对技术团队的技能要求较高。团队需具备一定的机器学习和深度学习知识，才能有效地训练和调整模型。

最后，维护成本也是不容忽视的问题。为了提升大模型的运算速度，可能需要购买大量显卡等硬件设备，而这些设备还需要专业人员进行维护，进而增加了项目的长期运营成本。

16.1.3 引入方式选型推荐

在决定采纳哪种方式引入AIGC的技术路径时，应当细致地考虑项目的具体情况和所面临的各种需求，从而做出最合适的决策。以下是一些具体的建议，旨在帮助你在不同情境下作出明智选择。

首先，假设你的项目对数据安全性有极高的标准和严格的要求，或者必须针对某个特定的行业规范以及应用场景进行深度定制，那么采用开源模型进行本地化训练或许是更理想的选择。开源模型允许在本地环境中进行定制化训练，确保数据不会离开你的控制范围，从而最大限度地保障数据安全。同时，你可以根据项目需求对模型进行优化，确保其性能达到最佳。

其次，如果你的项目追求的是快速的市场反应，并且对数据的安全性以及行业特定的适应性并没有特别严格的要求，那么选择调用第三方提供的AIGC API接口或许是更为务实的方案。通过API接口，你可以迅速接入已经训练好的模型服务，无须等待模型训练过程，从而加快项目的上线速度。

最后，你还可以考虑将上述两种策略进行结合，采取分阶段实施的策略。首先，利用第三方API提供的服务进行初步测试和验证，快速评估AIGC技术在项目中的应用效果，并据此作出进一步决策。在验证AIGC技术的可行性和有效性之后，你可以逐步引入和训练自己的模型，以满足项目的特定需求。这种方法不仅可以有效降低项目初期的风险和时间成本，还能为项目的未来发展留下足够的空间，提高了项目的灵活性和扩展性，从而帮助企业更好地适应市场变化和未来需求。

16.2　常见的AIGC模型

本节将梳理目前市场上常见的AIGC模型，帮助读者对大模型有一个基本了解，并考虑如何将其结合到自己的低代码平台系统中。

16.2.1　第三方 AIGC

在人工智能领域，大模型通常分为通用大模型和垂直大模型两类。通用大模型能够处理多种类型的任务，适用于各个领域。而垂直大模型则专为特定领域或任务进行训练，具有更强的专注性和表现。

目前，国内流行的通用大模型包括文心一言、通义千问、讯飞星火、智谱清言、腾讯混元等。这些大模型由国内各大科技企业和研究机构开发，在自然语言处理、计算机视觉、语音识别等领域表现出色。由于垂直大模型的收费问题，低代码平台通常会优先接入通用大模型。使用通用大模型不仅能够降低使用成本，还能满足用户在某些特定场景下的需求。

选择通用大模型时，我们需要考虑其性能和效果。因为不同模型在不同的任务和领域中的表现可能有所不同。因此，应根据项目需求和场景选择最合适的模型，以获得最佳效果。

16.2.2　开源 AIGC

开源大模型是指那些公开供公众使用的、基于大规模语言模型的人工智能技术。这些模型通常由科研机构、大学或技术企业开发，并通过开源许可发布，允许用户自由使用、研究和修改。在人工智能领域，尤其是自然语言处理（Natural Language Processing，NLP）方向，开源大模型为研究人员、开发者和爱好者提供了一个探索和创新的平台。

以下是一些著名的开源大模型：

（1）Ollama：Ollama是一个开源的大型语言模型，由LLaMA（Large Language Model Meta）团队开发。它采用Transformer架构，这是一种深度学习算法，特别适合处理序列数据，如自然语言。Ollama模型在多个自然语言处理任务上表现出色，如文本生成、机器翻译和语言理解等。

（2）ChatGLM：ChatGLM是由清华大学KEG实验室和智谱AI公司于2023年共同开发，它是一个基于大型语言模型的人工智能助手。例如，ChatGLM包括一个名为GLM-30B的模型，这是一种具有300亿参数的开源双语预训练模型，能够处理和回答各种类型的问题，并提供适当的答复和支持。

（3）GPT-2：由OpenAI开发，GPT-2是一个具有1750亿参数的预训练语言模型，在多个自然语言处理任务上取得了出色的成绩。尽管GPT-2的代码并未完全开源，但其研究和应用对学术界和工业界影响深远。OpenAI计划推出GPT-5。

（4）BERT：由Google开发，BERT（Bidirectional Encoder Representations from Transformers）是一个基于Transformer的双向编码器，它在多个NLP任务上取得了突破性成果。BERT的开源版本允许研究人员自由使用和修改，以适应不同的应用场景。

16.3 AIGC应用案例

本节将介绍如何使用文心一言和通义千问开发AIGC应用。

16.3.1 直接接入文心一言

接下来，介绍如何接入第三方通用大模型，例如文心一言。文心一言是一个强大的自然语言处理模型，能够执行文本分类、生成、理解和问答等各种语言任务。该模型基于大规模数据训练，具备出色的语言理解和生成能力。它的用法也相对简单，具体步骤如下：

（1）注册并登录百度AI开放平台（https://qianfan.cloud.baidu.com）。

（2）注册完成后，在界面左侧找到“应用接入”菜单，单击菜单进入“创业应用”页面，按要求创建应用，之后即可获得API Key和Secret Key。

（3）在在线服务页面，可查看已开通的模型以及免费的模型。我们选择免费的Yi-34B-Chat模型进行调试。单击API文档，进入在线调试平台。进入平台后，可以查看获取token的方式以及如何对接模型的示例代码。

```
import com.alibaba.fastjson.JSONObject;
import okhttp3.*;
import java.io.IOException;

/**
```

```
 * @author LIAOYUBIN1
 * @description
 * @date 2024/07/21
 */
public class AigcTest {
    /**
     * 需要添加依赖
     * <!-- https://mvnrepository.com/artifact/com.squareup.okhttp3/okhttp -->
     * <dependency>
     *     <groupId>com.squareup.okhttp3</groupId>
     *     <artifactId>okhttp</artifactId>
     *     <version>4.12.0</version>
     * </dependency>
     */
    public static final String API_KEY = "XXXX";
    public static final String SECRET_KEY = "XXXX";

    public static final String MODEL = "yi_34b_chat";
    static final OkHttpClient HTTP_CLIENT = new OkHttpClient().newBuilder().
build();

    /**
     * 通过yi_34b_chat模型进行交互
     * @param args
     * @throws IOException
     */
    public static void main(String []args) throws IOException{
        MediaType mediaType = MediaType.parse("application/json");
        // 输入内容
        RequestBody body = RequestBody.create(mediaType, "{\"messages\":
[{\"role\":\"user\",\"content\":\"什么是低代码平台?如何快速入门低代码平台?\"}]}");
        // 请求模型获取结果
        Request request = new Request.Builder()
                .url("https://aip.baidubce.com/rpc/2.0/ai_custom/v1/wenxinworksh
op/chat/"+MODEL+"?access_token=" + getAccessToken())
                .method("POST", body)
                .addHeader("Content-Type", "application/json")
                .build();
        Response response = HTTP_CLIENT.newCall(request).execute();
        String result = JSONObject.parseObject(response.body().string()).
getString("result");
        System.out.println(result);
    }
```

```
    /**
     * 获取token
     * @return
     * @throws IOException
     */
    public static String getAccessToken() throws IOException {
        MediaType mediaType = MediaType.parse("application/json");
        RequestBody body = RequestBody.create(mediaType, "");
        Request request = new Request.Builder()
                .url("https://aip.baidubce.com/oauth/2.0/token?client_id=" +
API_KEY + "&client_secret=" + SECRET_KEY + "&grant_type=client_credentials")
                .method("POST", body)
                .addHeader("Content-Type", "application/json")
                .addHeader("Accept", "application/json")
                .build();
        Response response = HTTP_CLIENT.newCall(request).execute();
        return JSONObject.parseObject(response.body()
.string()).getString("access_token");
    }
}
```

16.3.2 使用通义千问开发 AIGC 应用

在16.3.1节中，我们简单介绍了如何接入文心一言免费模型，通过接口实现简单的问答能力。然而，要真正支持低代码平台并为低代码平台提供丰富的AI能力，我们还需要了解如何导入知识库和进行模型调优。

1. 创建应用

首先，我们需要创建阿里云百炼应用，单击https://bailian.console.aliyun.com/链接，并使用阿里云账号登录阿里云百炼控制台。在百炼控制台（见图16-1）上，我们需要关注以下几个部分：“我的应用”“Prompt工程”“数据管理”“知识索引”“API-KEY”和“应用创建”。现在单击“应用创建”按钮来创建新的百炼应用。

单击后会弹出一个窗口，提示选择要创建的应用类型（见图16-2）。根据适用场景的不同，应用类型分为智能体应用、工作流应用和智能体编排应用。以智能体应用为例，它支持直接创建应用和创建RAG应用，后者适用于基于上传专业知识文档的大模型生成和问答，增强了知识搜索能力。

- 智能体应用：适用于客户服务、销售咨询、技术支持等场景。智能体可以理解客户需求，提供即时的解答和帮助，从而提升企业的服务效率和用户满意度。
- 工作流应用：适用于需要结合大模型执行高确定性业务逻辑的流程型应用，如执行不同任务的智能助理工作流、自动化分析会议记录工作流等。

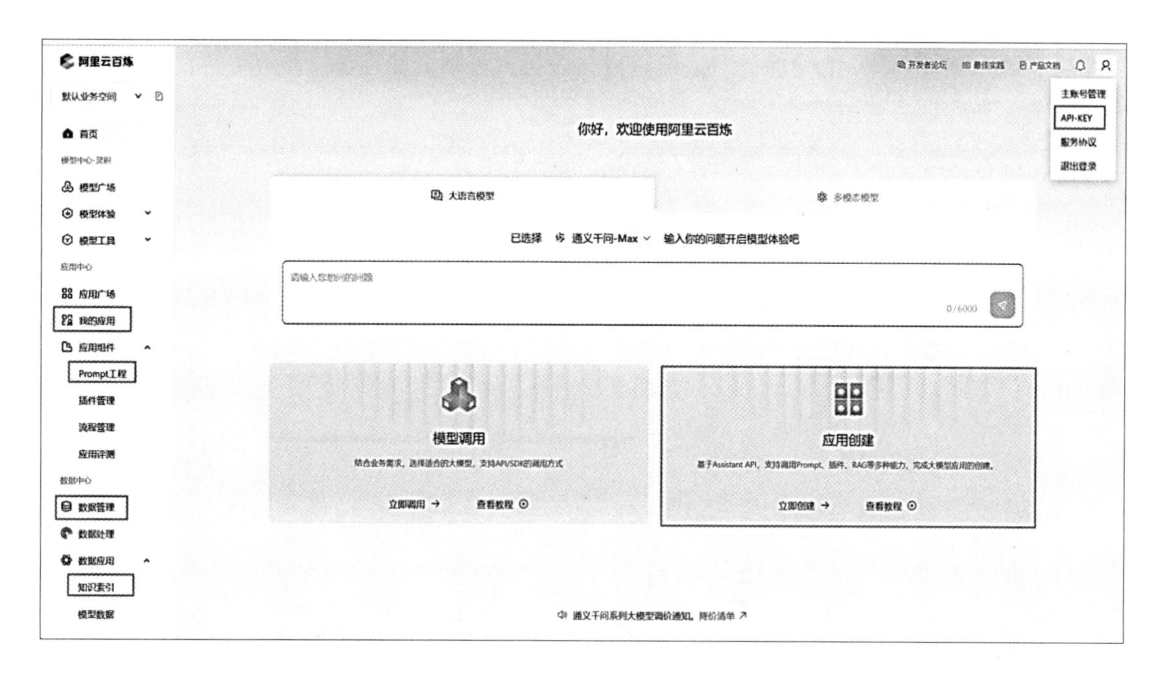

图16-1　阿里云百炼控制台

图16-2　选择创建的应用类型

- 智能体编排应用：适用于处理大量数据、进行复杂计算或执行多任务处理的场景。例如，在金融领域，通过智能体编排可以搭建支持风险评估、投资组合优化、研报分析多种复杂能力的智能投顾系统。

单击“直接创建”按钮，进入模型设置页面，如图16-3所示。

（1）修改应用名称：应用名称用于区分不同功能的应用。

（2）选择大语言模型：平台提供了大量模型，开发者针对不同业务场景选择合适的大模型即可（如图16-4所示，请确保已开通百炼模型服务，否则页面顶部会提示“你尚未开通模型调用服务，开通后可调用模型”）。

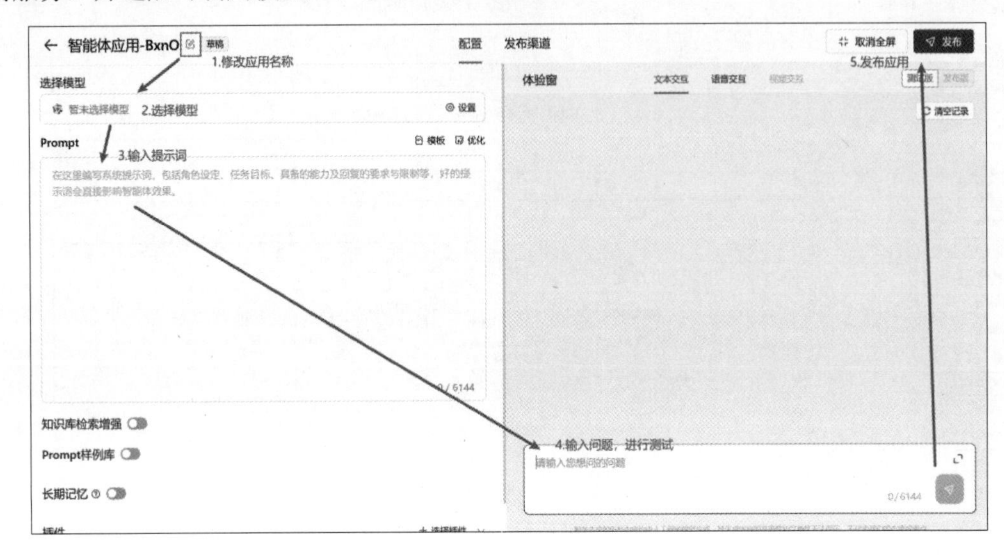

图16-3　模型设置页面

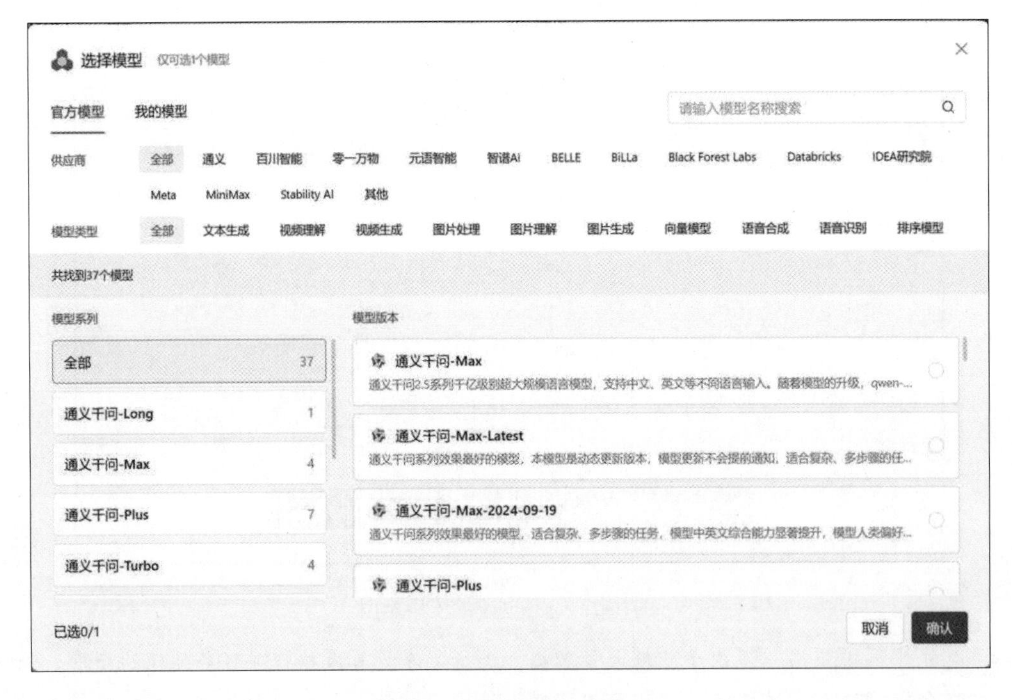

图16-4　选择合适的大模型

（3）输入Prompt提示词：Prompt用于指定应用扮演的角色，并赋予AI任务定。

（4）测试大模型问答能力：可以通过输入问题来测试大模型的问答能力，确保AI基于输入的提示词进行回答。

（5）发布应用：单击“发布”按钮，以供API调用。

如图16-5所示，图中配置了一个名为“java面试题”的应用。该应用选择了通义千问-Max模型，然后输入简单的提示词（Prompt），将应用赋予了面试经验丰富的Java程序员角色。最后，通过输入Java面试相关问题进行提问，顺利得到了模型返回的答案。

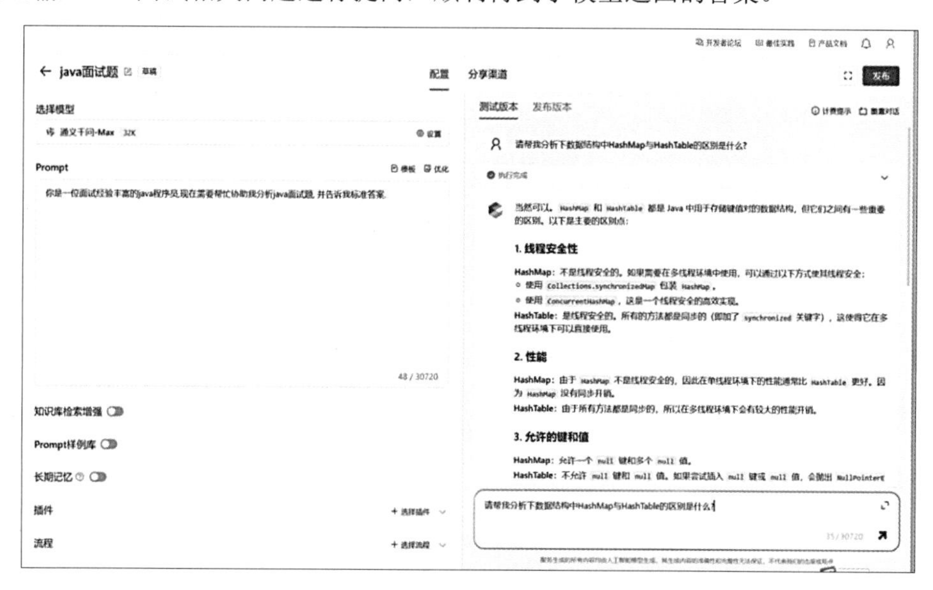

图16-5　配置名为“java面试题”的应用

2. 应用调优

如何让 AIGC 应用在问答时返回更加专业、更贴近场景的答案呢？这时需要完善数据，并对提示词进行调优。

目前，通义千问为用户提供了大量覆盖不同行业和场景的大模型，但在实际应用中往往涉及私有数据。私有数据需要“投喂”给大模型，使它能够回答涉及行业专业知识、企业业务数据等领域的问题。百炼平台控制台的数据管理菜单（见图16-6）支持用户上传数据至知识库，让模型解析并学习私有领域数据。

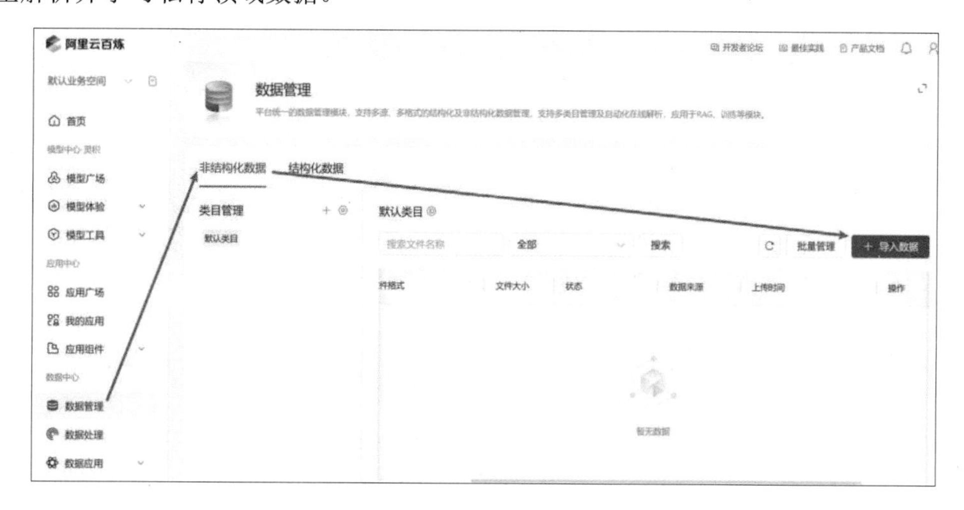

图16-6　百炼平台控制台的数据管理

首先，需要将私有数据导入平台。以图16-7所示的“导入面试题”为例，可通过单击或拖曳方式将面试题上传到文件上传区，然后单击“确认”按钮执行上传。

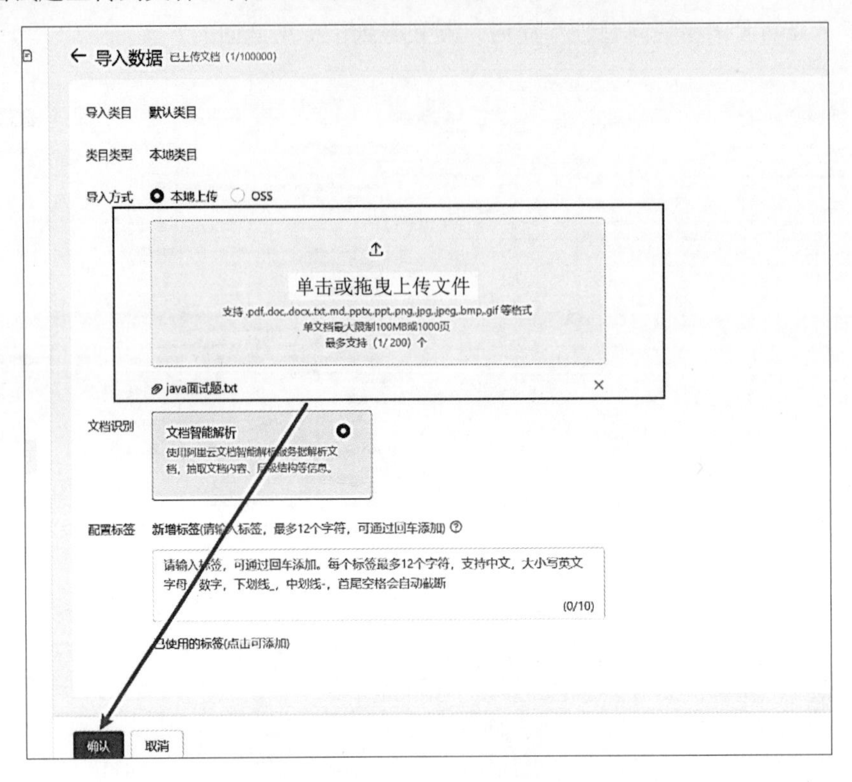

图16-7　导入面试题

数据上传完成后，可在状态栏看到文件导入完成的提示，如图16-8所示。

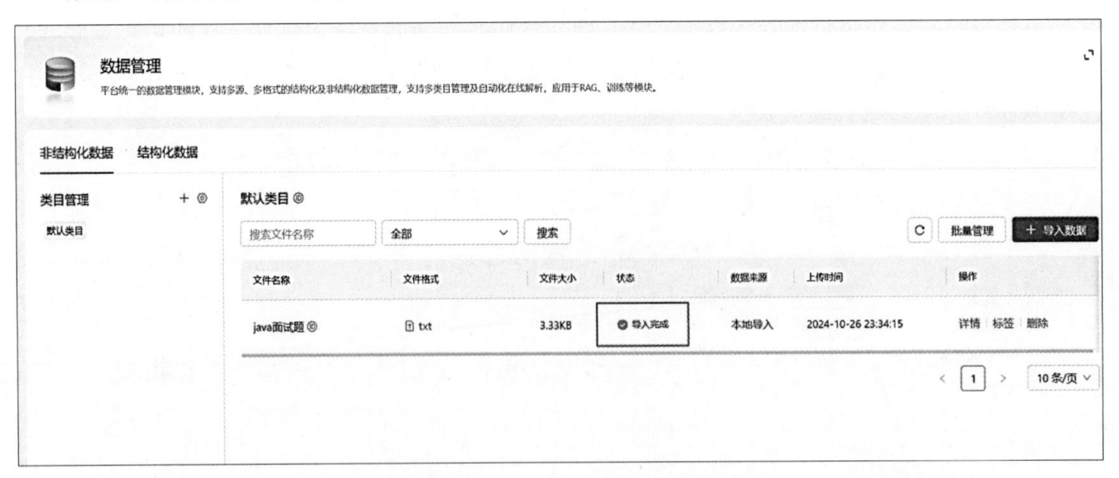

图16-8　文件导入完成

接下来，创建知识库。打开百炼控制台，在数据应用菜单下找到“知识索引”，单击进入并创建新的知识库，如图16-9所示。

在创建过程中，根据提示填写知识库的基本信息（例如知识库名称和描述等），如图16-10所示。

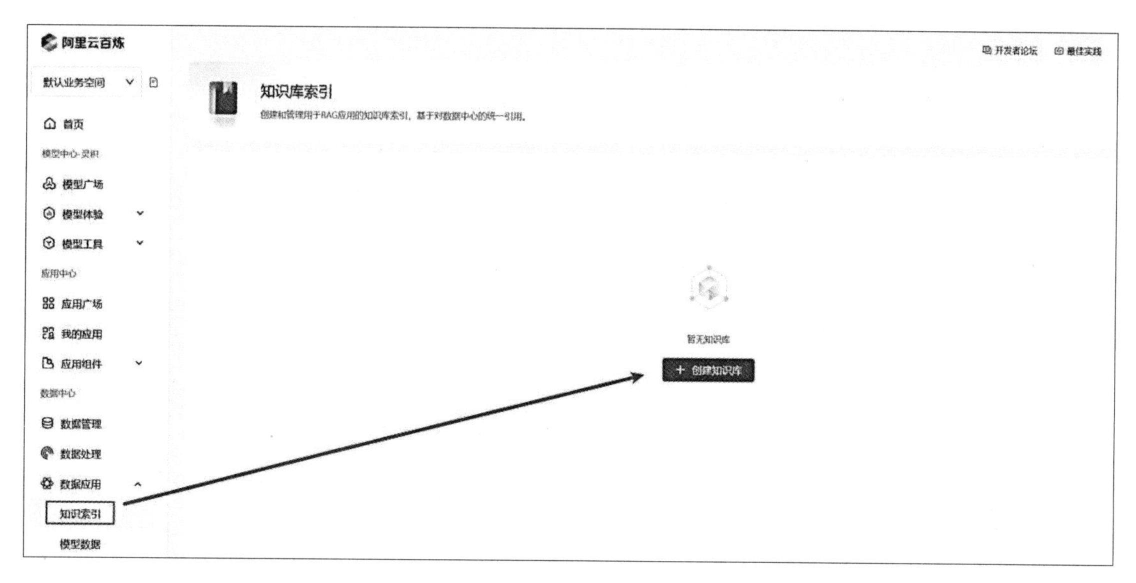

图16-9　创建知识库

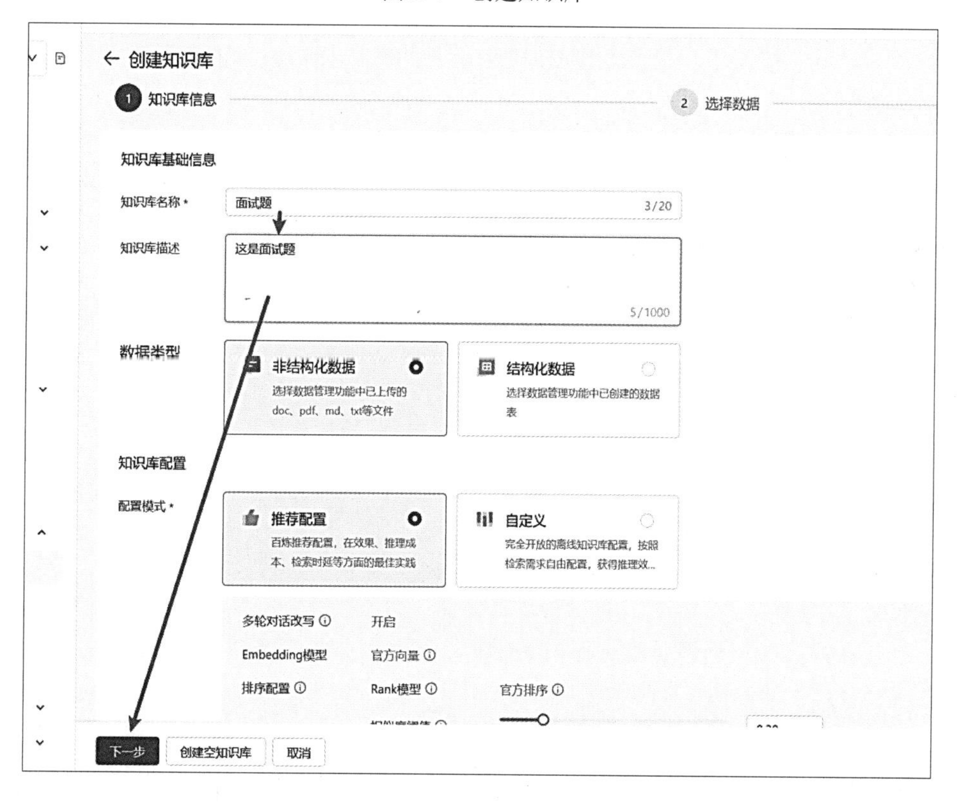

图16-10　填写知识库信息

单击“下一步”按钮后，页面如图16-11所示，此时为知识库选择数据文件，并勾选之前刚才上传的面试题。

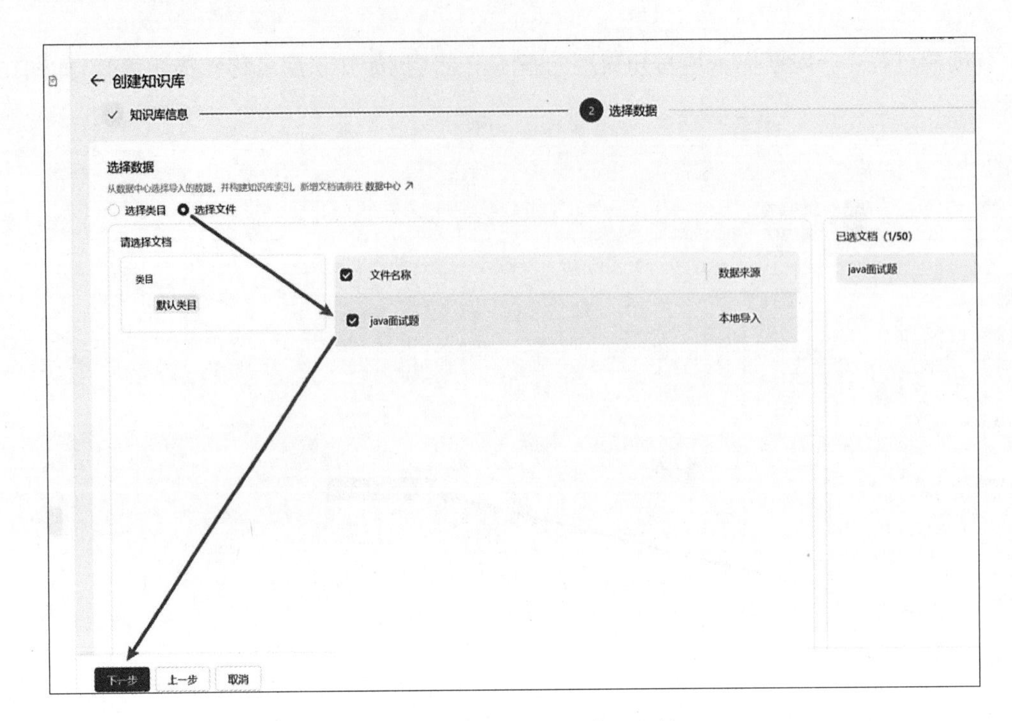

图16-11　为知识库选择数据文件

单击“下一步”按钮后，页面如图16-12所示，此时选择知识库的数据文件切分方式，即可完成导入操作。

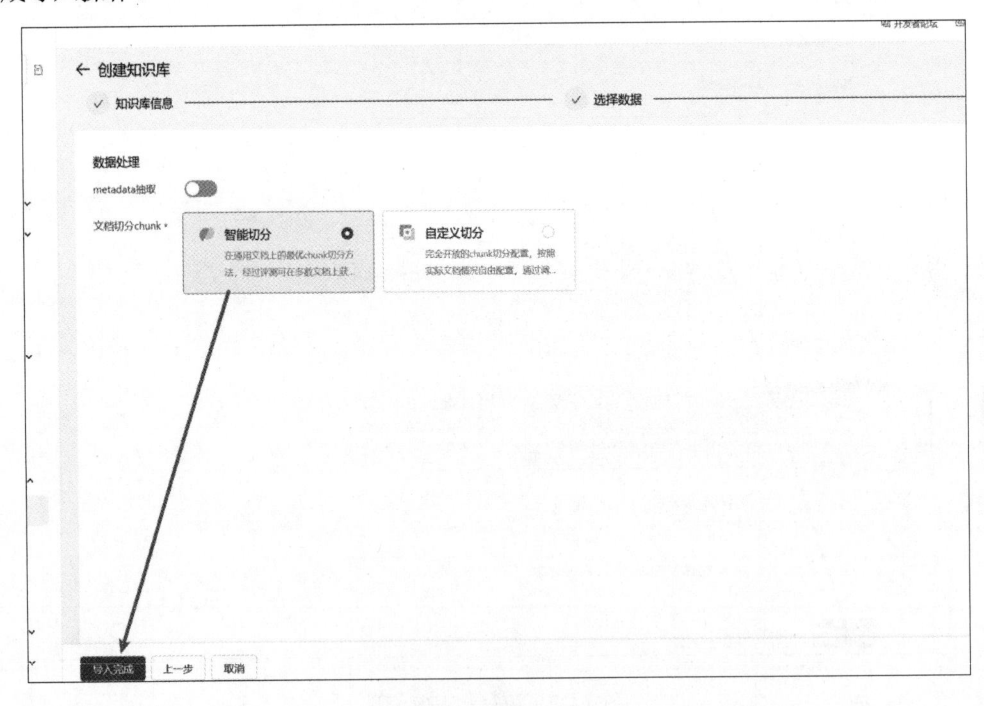

图16-12　选择切分方式

导入完成后，文档内容将被解析，如图 16-13 所示，表示解析已完成。

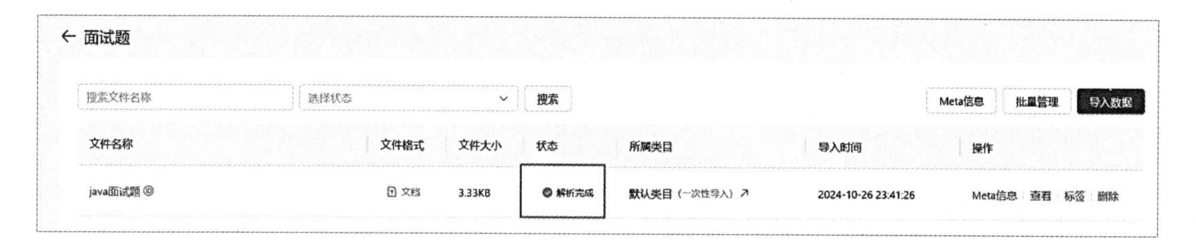

图16-13　解析完成

接下来，为应用添加知识库。返回阿里云百炼控制台，如图16-14所示，选择“我的应用”；找到需要添加知识库的应用，单击“管理”按钮。

图16-14　管理自己的应用

如图16-15所示，打开“知识库检索增强”按钮，单击“配置知识库”按钮，然后单击“添加”按钮，即可添加知识库，最后发布应用即可。这样便完成了私有领域知识的数据调优。

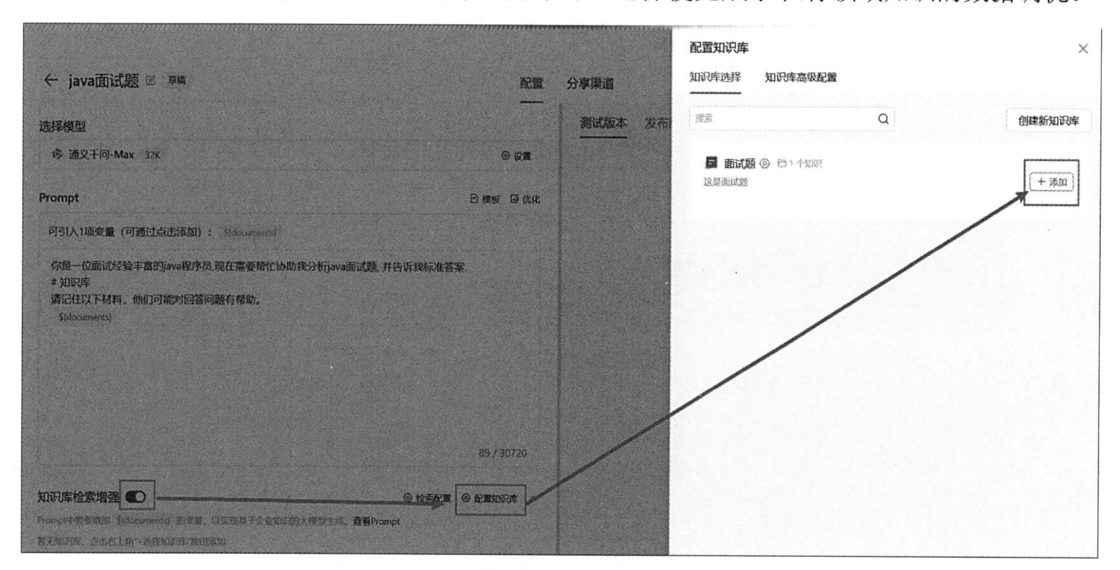

图16-15　单击“添加”按钮添加知识库

数据调优完成后，接下来我们来优化 Prompt 提示词。Prompt 是输入给大模型的文本信息，用于明确告诉模型需要解决的问题或完成的任务。它是大语言模型理解用户需求并生成相关、准确回答或内容的基础。阿里云百炼平台提供了 Prompt 优化工具，如图 16-16 所示。在阿里云百炼控制台的应用组件下，有一个“Prompt 工程”菜单，单击后可以看到“Prompt 自动优化”功能。只需将原始 Prompt 粘贴进去，单击“优化”按钮，系统将自动优化 Prompt。优化后，可以将优化后的 Prompt 粘贴到应用中。

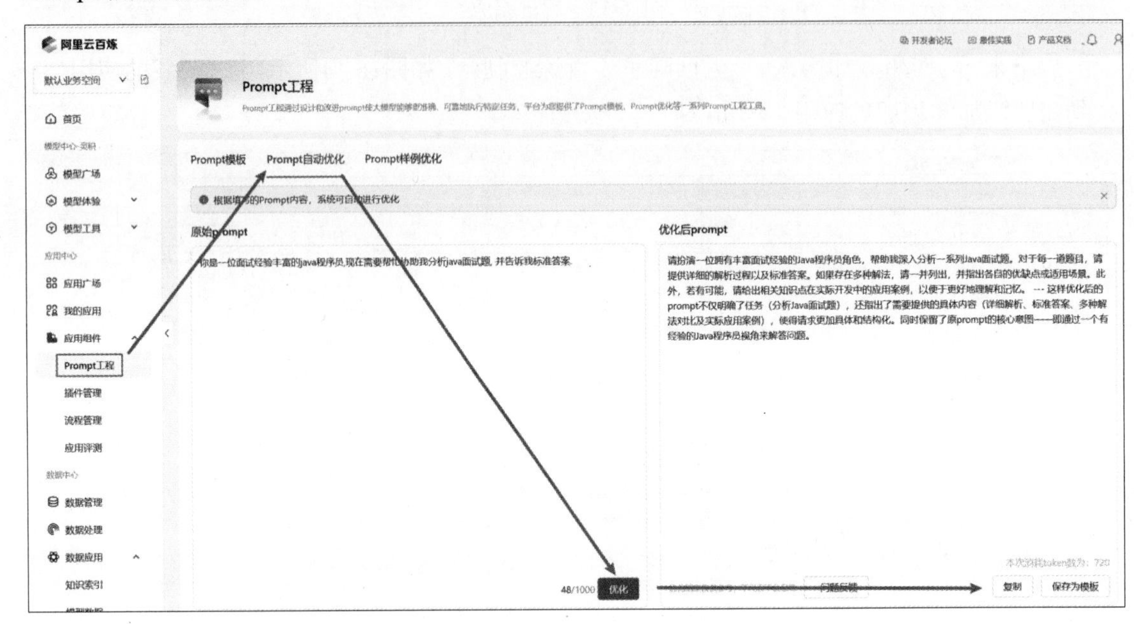

图16-16　Prompt自动优化

3. API调用

经过数据和Prompt调优后，应用已经具备良好的问答能力。接下来，我们将在Java服务中调用通义千问。以下是简单的调用过程：

（1）获取API-KEY，API-KEY获取步骤如下：如图16-17所示，单击阿里云百炼控制台首页右上角的API-KEY，打开如图16-18所示的页面，选择业务归属空间，填写描述后创建新的API-KEY。然后，如图16-19所示，单击“查看”链接展示明文API-KEY，复制API-KEY。

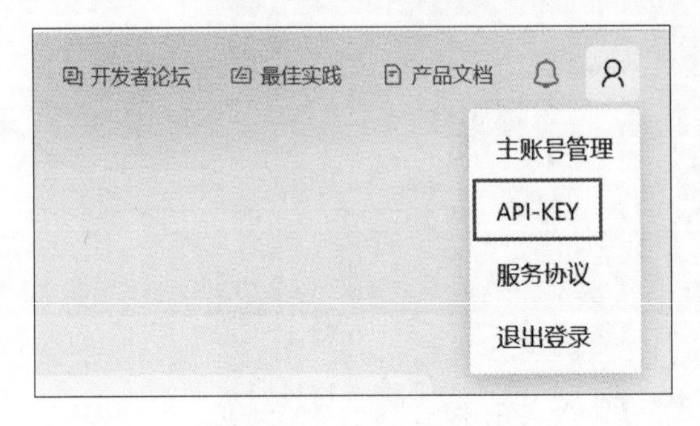

图16-17　单击API-KEY

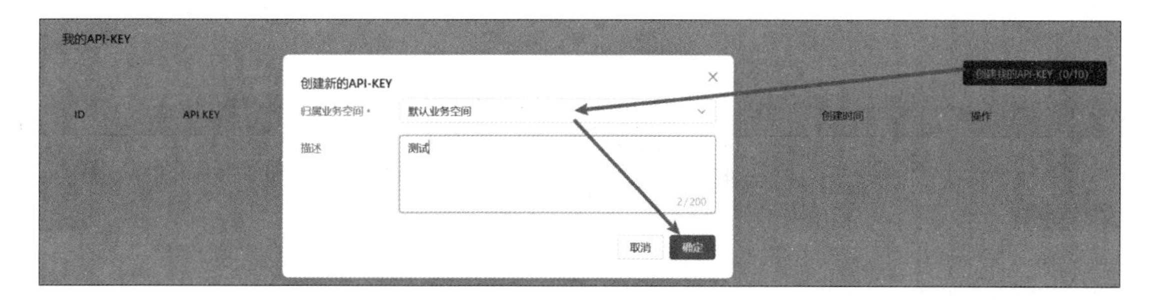

图16-18　创建新的API-KEY

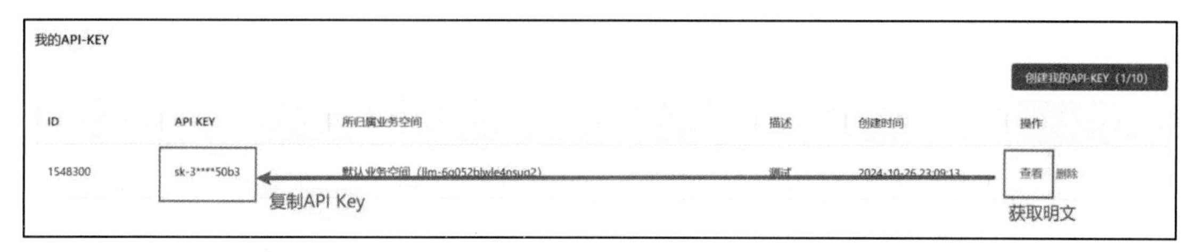

图16-19　复制API-KEY

（2）安装DashScope Java SDK，SDK可使用最新版本号，笔者使用的是2.16.9版本。

```
<!-- https://mvnrepository.com/artifact/com.alibaba/dashscope-sdk-java -->
<dependency>
    <groupId>com.alibaba</groupId>
    <artifactId>dashscope-sdk-java</artifactId>
    <version>2.16.9</version>
</dependency>
```

SDK的历史版本如图16-20所示。

DashScope Java SDK

DashScope Java SDK

License	Apache 2.0
Tags	sdk alibaba
Ranking	#21575 in MvnRepository (See Top Artifacts)
Used By	19 artifacts

Central (59)

	Version	Vulnerabilities	Repository	Usages	Date
2.16.x	2.16.9		Central	0	Oct 24, 2024
	2.16.8		Central	0	Oct 14, 2024
	2.16.7		Central	0	Oct 13, 2024
	2.16.6		Central	0	Oct 10, 2024
	2.16.5		Central	0	Sep 27, 2024
	2.16.4		Central	2	Sep 13, 2024
	2.16.3		Central	2	Aug 26, 2024

图16-20　SDK的历史版本

（3）编写代码调用大模型API，完成通义千问的调用工作。

```
import java.util.Arrays;
import java.lang.System;
import com.alibaba.dashscope.aigc.generation.Generation;
import com.alibaba.dashscope.aigc.generation.GenerationParam;
import com.alibaba.dashscope.aigc.generation.GenerationResult;
import com.alibaba.dashscope.common.Message;
import com.alibaba.dashscope.common.Role;
import com.alibaba.dashscope.exception.ApiException;
import com.alibaba.dashscope.exception.InputRequiredException;
import com.alibaba.dashscope.exception.NoApiKeyException;
public class Main {
    public static GenerationResult callWithMessage() throws ApiException,
NoApiKeyException, InputRequiredException {
        Generation gen = new Generation();
        Message systemMsg = Message.builder()
                .role(Role.SYSTEM.getValue())
                .content("你是一位面试经验丰富的Java程序员,现在需要帮忙协助我分析Java面试
题，并告诉我标准答案。")
                .build();
        Message userMsg = Message.builder()
                .role(Role.USER.getValue())
                .content("请帮我分析下数据结构中HashMap与HashTable的区别是什么?")
                .build();
        GenerationParam param = GenerationParam.builder()
                // 从阿里云百炼控制台右上角用户信息处获取API Key
                .apiKey("xxxxxx")
                // 模型名称，可参考列表: https://help.aliyun.com/zh/model-studio/
getting-started/models
                .model("qwen-max")
                .messages(Arrays.asList(systemMsg, userMsg))
                .resultFormat(GenerationParam.ResultFormat.MESSAGE)
                .build();
        return gen.call(param);
    }
    public static void main(String[] args) {
        try {
            GenerationResult result = callWithMessage();
            System.out.println(result.getOutput().getChoices().get(0).
getMessage().getContent());
        } catch (ApiException | NoApiKeyException | InputRequiredException e) {
            System.err.println("错误信息: "+e.getMessage());
```

```
            System.out.println("请参考文档: https://help.aliyun.com/zh/
model-studio/ developer-reference/error-code");
        }
        System.exit(0);
    }
}
```

通过从创建应用、调优到API调用的实操步骤，我们已经掌握了使用通义千问开发AIGC应用的能力。相信读者能够充分利用AIGC技术，为低代码平台提供强大的支持。

16.4 本地化部署DeepSeek案例

16.3节讲解了利用第三方AIGC开放API接口开发应用，而本节将以DeepSeek为案例，讲解本地化部署开源大模型。选择DeepSeek作为本地化部署开源大模型的案例，主要基于其高效、灵活和可扩展的特性。DeepSeek提供了强大的模型优化和部署工具，能够显著降低硬件资源需求，提升推理速度，同时支持多种硬件平台，便于在不同环境中快速部署。其开源社区活跃、文档详尽、技术支持及时，能够帮助开发者快速上手并解决实际问题。此外，DeepSeek在模型压缩、量化等方面表现优异，适合资源受限的场景，是本地化部署大模型的理想选择。

16.4.1 安装准备

1）硬件准备

- 显卡：GTX 1060（6GB）及以上，推荐RTX 3060及以上。
- 内存：8GB及以上，推荐16GB及更高。
- 硬盘：C盘剩余存储空间20GB，推荐使用Nvme固态硬盘。

2）部署工具准备

推荐使用Ollama（一款开源的大语言模型本地部署工具）。Ollama下载地址：

- Ollama官网：https://ollama.com/。
- Github：https://github.com/ollama/ollam。

16.4.2 安装与部署过程

（1）打开Ollama官网，如图16-21所示。单击Download按钮进入下载页面。

（2）如图16-22所示，在下载页面上选择对应的系统平台，比如单击Download for Windows下载，安装包OllamaSetup.exe大约768MB。

（3）双击OllamaSetup.exe安装包，单击Install按钮进行安装，如图16-23所示。等进度条显示100%，即可安装完成。

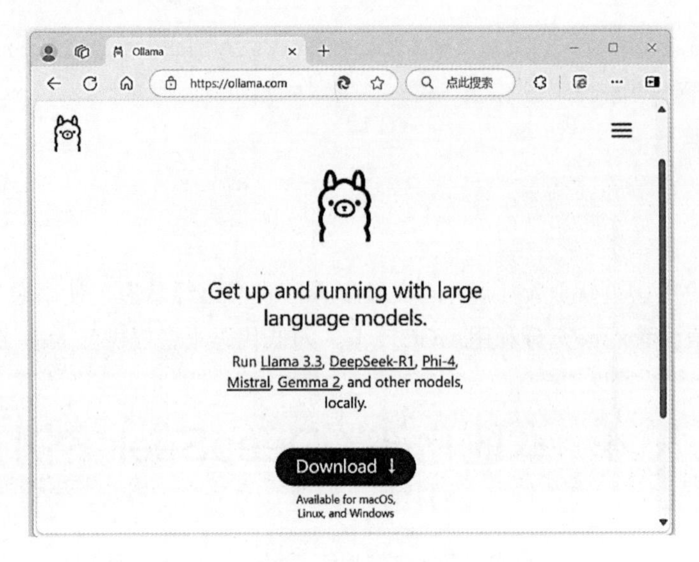

图16-21　Ollama官网

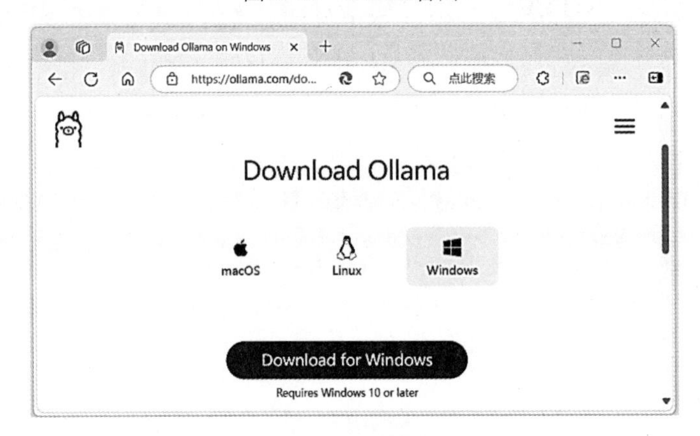

图16-22　选择对应的系统平台

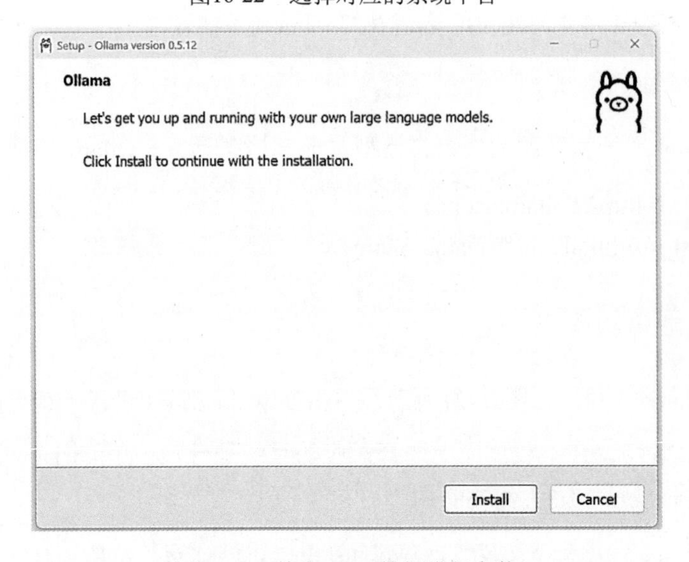

图16-23　单击Install按钮进行安装

（4）确认Ollama安装成功。按Win+R键打开运行窗口，输入cmd打开终端，在终端输入ollama -v命令查看Ollama程序是否已经安装好。如果安装成功，命令行会显示Ollama的版本信息，如图16-24所示。

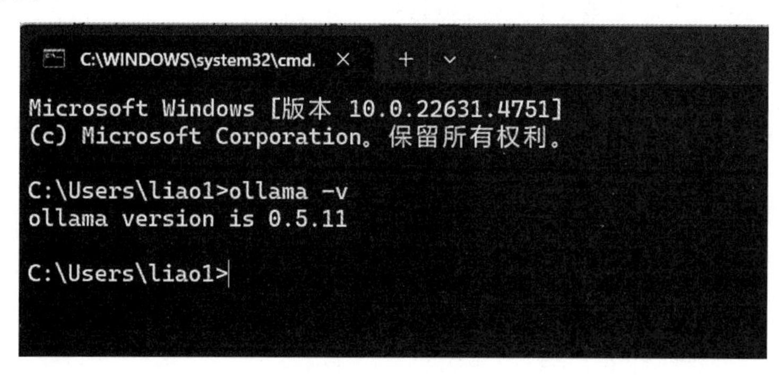

图16-24　安装成功

（5）下载DeepSeek-R1模型。打开模型下载地址https://ollama.com/library/deepseek-r1，在页面左侧可选择模型版本（精度），右侧可复制模型版本对应的命令，如图16-25所示。

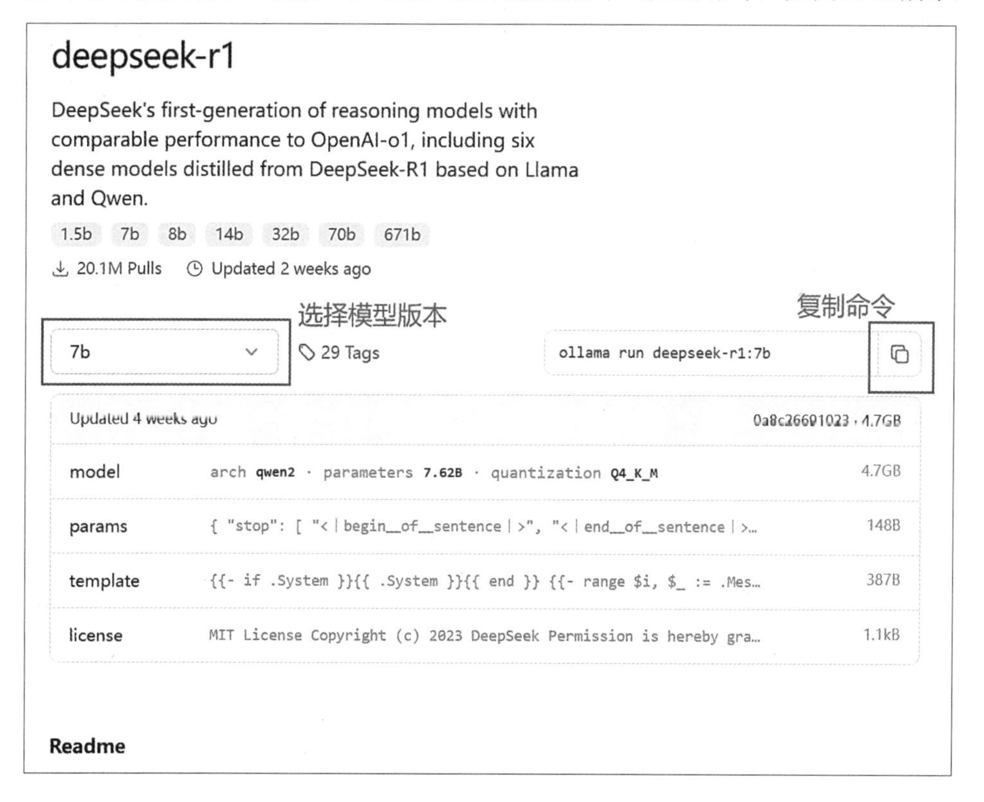

图16-25　下载页面

（6）用户需要结合自己的计算机配置选择模型版本，如表16-1所示。一般普通用户以1.5B、7B、8B、14B、32B版本为主，企业级用户则推荐使用14B、32B、70B、671B版本。本案例选择7B版本，然后复制右侧的命令ollama run deepseek-r1:7b。

表 16-1　结合自己的计算机配置选择模型版本

显卡配置	模型版本
非必需，若需GPU加速，可选4GB显存，如GTX 1650	1.5B
推荐8GB+显存，如RTX 3070/4060	7B
推荐8GB+显存，略高于7B版本需求，如RTX 3070/4060也可满足基本需求	8B
16GB +显存，如RTX 4090或A5000	14B
24GB +显存，如A100 40GB或双卡RTX 3090	32B
32GB +显存或多卡并行方案，如2x A100 80GB或4x RTX 4090	70B
多节点分布式训练，如8x A100/H100或AMD MI300X（192GB，8块）	671B

（7）按Win+R键打开运行窗口，输入cmd打开终端，再粘贴上一步复制的命令，按回车键即可下载模型，如图16-26所示。

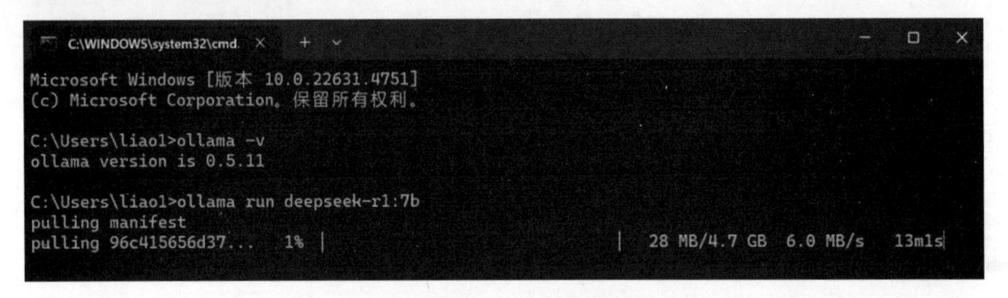

图16-26　下载模型

（8）下载完会自动安装模型。安装完成后，即可在本地运行并使用DeepSeek，如图16-27所示。

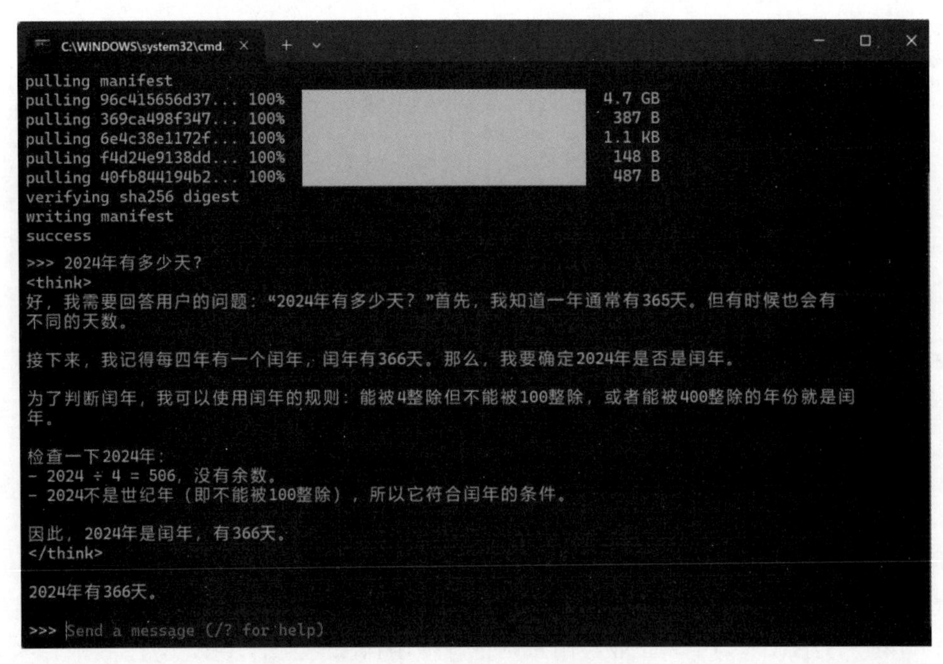

图16-27　下载并自动安装模型

如果关闭了cmd窗口，想要再次运行模型，可执行命令ollama run deepseek-r1:7b，如图16-28所示。

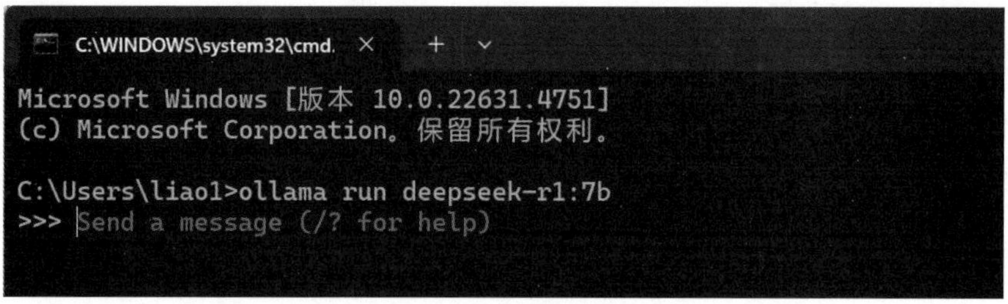

```
C:\WINDOWS\system32\cmd.
Microsoft Windows [版本 10.0.22631.4751]
(c) Microsoft Corporation。保留所有权利。

C:\Users\liao1>ollama run deepseek-r1:7b
>>> Send a message (/? for help)
```

图16-28　再次运行模型

16.4.3　代码调用 DeepSeek

DeepSeek部署完毕后，我们便可通过代码调用DeepSeek。以下是一个简单的Demo，供读者参考。

```java
package com.alialiso.MyDemo.low_code.deepseek;

import com.alialiso.MyDemo.zcommon.utils.HttpUtil;
import com.alibaba.fastjson.JSONObject;
import com.alibaba.google.common.collect.Maps;
import java.util.Map;

public class DeepSeekTest {

    //本地deepseek API地址
    private static final String  URL = "http://localhost:11434/api/generate";
    //本地模型
    private static final String  MODEL = "deepseek-r1:7b";

    public static void main(String[] args) {
        Map<String,String> param= Maps.newHashMap();
        //选择本地模型
        param.put("model",MODEL);
        //设置您的问题
        param.put("prompt","1+1等于几? ");
        String result = HttpUtil.post(URL, JSONObject.toJSONString(param),
HttpUtil.UTF_8);
        System.out.println(result);
    }
}
```

启动上面的Demo程序后，便能成功输出DeepSeek返回的结果：

```
{"model":"deepseek-r1:7b","created_at":"2025-02-25T14:17:19.5884939Z","response":"\u003cthink\u003e","done":false}
{"model":"deepseek-r1:7b","created_at":"2025-02-25T14:17:19.7189228Z","response":"\n\n","done":false}
{"model":"deepseek-r1:7b","created_at":"2025-02-25T14:17:19.861612Z","response":"\u003c/think\u003e","done":false}
{"model":"deepseek-r1:7b","created_at":"2025-02-25T14:17:20.0099302Z","response":"\n\n","done":false}
{"model":"deepseek-r1:7b","created_at":"2025-02-25T14:17:20.1539518Z","response":"1","done":false}
{"model":"deepseek-r1:7b","created_at":"2025-02-25T14:17:20.2854775Z","response":" +","done":false}
{"model":"deepseek-r1:7b","created_at":"2025-02-25T14:17:20.400234Z","response":" ","done":false}
{"model":"deepseek-r1:7b","created_at":"2025-02-25T14:17:20.5144563Z","response":"1","done":false}
{"model":"deepseek-r1:7b","created_at":"2025-02-25T14:17:20.8504996Z","response":" 等","done":false}
{"model":"deepseek-r1:7b","created_at":"2025-02-25T14:17:20.9626951Z","response":"于","done":false}
{"model":"deepseek-r1:7b","created_at":"2025-02-25T14:17:21.072428Z","response":" **","done":false}
{"model":"deepseek-r1:7b","created_at":"2025-02-25T14:17:21.1910522Z","response":"2","done":false}
{"model":"deepseek-r1:7b","created_at":"2025-02-25T14:17:21.3008768Z","response":"**","done":false}
{"model":"deepseek-r1:7b","created_at":"2025-02-25T14:17:21.4124473Z","response":"。","done":false}
{"model":"deepseek-r1:7b","created_at":"2025-02-25T14:17:21.5195231Z","response":"","done":true,"done_reason":"stop","context":[151644,16,10,16,107106,99195,11319,151645,151648,271,151649,271,16,488,220,16,10236,255,231,34204,3070,17,334,1773],"total_duration":2191866500,"load_duration":55388800,"prompt_eval_count":9,"prompt_eval_duration":202000000,"eval_count":17,"eval_duration":1933000000}
```


至此，关于DeepSeek的本地化部署流程已顺利完成。读者可依据本书指南，亲自动手实践，体验DeepSeek带来的便捷与强大功能。

后记：低代码平台技术之旅的圆满结束与未来展望

随着本书的结尾，笔者心中充满了感激，感谢每一位读者的耐心阅读和坚定支持。在撰写本书的过程中，笔者面临着一个巨大的挑战：如何在有限的篇幅内，全面介绍低代码平台的核心技术、实战案例与优化方案，同时确保内容既能满足研发人员的专业需求，又能让非研发人员轻松理解低代码平台的设计逻辑。这是一个考验深度与广度的任务，笔者力求在每个章节中找到平衡点，呈现一本既专业又易懂的书籍。

当然，笔者深知本书仍有不足和待完善之处。技术的飞速发展可能使书中的部分内容已不再最新，但笔者相信，这为读者留出了探索的空间。随着低代码平台的持续发展与技术迭代，未来必将涌现出更多创新的技术、案例与方案。因此，笔者诚挚地鼓励每一位读者，在学习本书的同时，保持对新技术的好奇心与求知欲，勇于探索未知，不断充实自己的知识体系与实践经验。

对于本书的读者，笔者寄予厚望。希望你们能够通过本书的学习，掌握低代码平台的基本技术与应用，并培养独立思考与实践的能力。愿你们在未来的日子里，能将所学运用到实际工作中，创造出更多富有价值的应用，为社会进步与发展贡献力量。

特别感谢清华大学出版社的夏毓彦老师和产品专家叶静老师。在本书的编写过程中，夏老师给予了笔者极大的支持与帮助，经过多次的沟通与确认，提供了宝贵的建议，使得本书得以顺利出版。在此，我向夏老师致以最诚挚的谢意。同时，书中案例附带的大量简单明了的原型图均出自叶老师之手，这为本书的实战案例增添了丰富的视觉元素。感谢叶老师的精心设计与付出。

最后，本书主要聚焦于低代码开发平台的基础技术分享。未来，如果有机会，笔者希望能带领读者从零开始，一步一步搭建一套企业级低代码开发平台，共同探索低代码世界的无限可能。让我们携手前行，共同开启低代码技术的新篇章！